www.samengevat.nl

samengevat

havo **wiskunde A**

drs. F.C. Luijbe

ThiemeMeulenhoff

Vormgeving:
Criterium, Arnhem

Opmaak:
Grafivorm, Meppel

Omslagfoto:
Your Design | Shutterstock

Over ThiemeMeulenhoff
ThiemeMeulenhoff ontwikkelt zich van educatieve uitgeverij tot een learning design company. We brengen content, leerontwerp en technologie samen. Met onze groeiende expertise, ervaring en leeroplossingen zijn we een partner voor scholen bij het vernieuwen en verbeteren van onderwijs. Zo kunnen we samen beter recht doen aan de verschillen tussen lerenden en scholen en ervoor zorgen dat leren steeds persoonlijker, effectiever en efficiënter wordt.

Samen leren vernieuwen.

www.thiememeulenhoff.nl

ISBN 978 90 06 07872 5
vijfde druk, vierde oplage, 2019

Deze uitgave is volledig CO_2-neutraal geproduceerd.
Het voor deze uitgave gebruikte papier is voorzien van het FSC®-keurmerk.
Dit betekent dat de bosbouw op een verantwoorde wijze heeft plaatsgevonden.

FSC
www.fsc.org
MIX
Papier van verantwoorde herkomst
FSC® C004472

voorwoord

Beste examenkandidaat,

In dit boek vind je de leerstof en de vaardigheden voor het havo-examen wiskunde A kort en systematisch weergegeven.
Deze samenvatting stelt je in staat om in korte tijd grote hoeveelheden stof te herhalen en te overzien. Hoofd- en bijzaken worden onderscheiden waardoor je inzicht krijgt in de grote lijnen van de stof en in de samenhang tussen de verschillende onderwerpen.

Met Samengevat bereid je je zelfstandig voor op het examen. Omdat onderwerpen voor het schoolexamen apart zijn aangegeven (met *) en Samengevat een uitgebreid trefwoordenregister bevat, is dit boek ook al bruikbaar in 4-havo.
Gecombineerd met de Examenbundel havo wiskunde A vormt deze Samengevat de beste voorbereiding op je examen. De theorie vind je in Samengevat en je oefent met de opgaven uit de Examenbundel!

Samengevat en Examenbundel zijn naast elke methode te gebruiken.

Heb je opmerkingen? Meld het ons via vo@thiememeulenhoff.nl.

Bij de tweede oplage
In de hoofdstukken grafische rekenmachine zijn types die niet meer zijn toegestaan voor het examen vervangen door recentere types.

Amersfoort, juli 2017

opmerkingen
Achterin dit boek is een overzicht opgenomen van het formuleblad dat bij het examen beschikbaar is alsmede een overzicht van de betekenis van werkwoorden die in het examen gebruikt worden.

Hoewel dit boekje met de grootst mogelijke zorg is samengesteld, kunnen auteur en uitgever geen aansprakelijkheid aanvaarden voor aanwijzingen naar aanleiding van publicaties van de overheid betreffende specifieke examenonderwerpen, de hulpmiddelen die je tijdens het examen mag gebruiken, duur en datum van je examen, etc.
Het is altijd raadzaam je docent of onze website www.examenbundel.nl te raadplegen voor actuele informatie die voor jouw examen van belang kan zijn.

hoe werk je met dit boek?

In SAMENGEVAT vormen linker- en rechterbladzijde een geheel. De begrippen die links kort worden weergegeven, worden rechts nader toegelicht; meestal door opgaven voorzien van voorbeelduitwerkingen.

LINKERBLADZIJDE

Op de linkerbladzijde staan boomdiagrammen die de onderlinge relaties van begrippen laten zien. De linkerbladzijde dient als checklist om snel na te gaan of de genoemde onderwerpen bekend zijn.

dit is het hoofdbegrip

begrip van 1e orde, beschrijft hoofdbegrip

Cursieve tekst geeft de relatie met de volgende opsomming aan

begrip van 2e orde, geeft informatie over formule opstellen

begrippen van 3e orde zijn ook mogelijk; geven toelichting op begrippen van 2e orde

formule opstellen

■ **uit een grafiek**

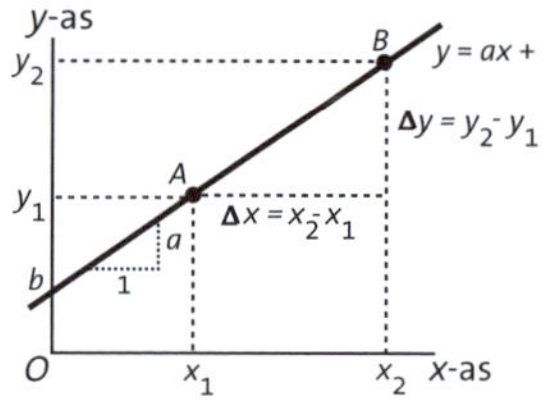

stappen

■ **1. bereken de richtingscoëfficiënt *a*** $a = \dfrac{y_2 - y_1}{x_2 - x_1}$

■ **2a. lees het startgetal *b* af** lees af op de *y*-as in het snijpunt met de grafiek

RECHTERBLADZIJDE

Op de rechterbladzijde vind je nadere informatie die je nodig hebt als de begrippen links onvoldoende bekend zijn.

Hier vind je een voorbeeld van een vraagstuk over een onderwerp links

formule opstellen

uit een grafiek

In de grafiek is het verband getekend tussen het jaar en het aantal woningen. In de periode 1962 – 1992 is het aantal woningen vrijwel lineair gestegen van 3 miljoen naar 6 miljoen. Daarbij hoort een formule $W = at + b$ met W is het aantal woningen in miljoenen en t het aantal jaren na 1962.

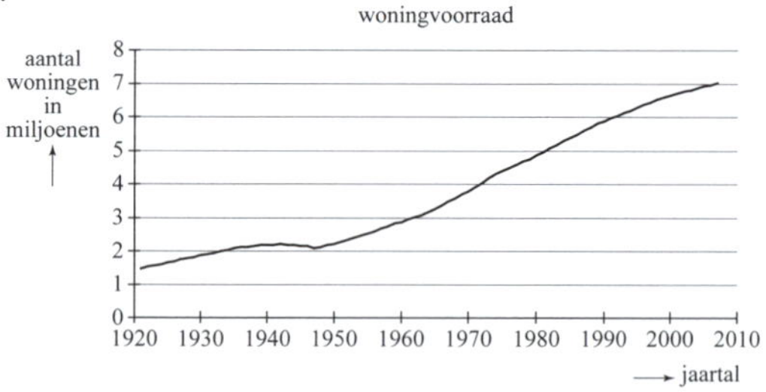

de vraagstelling is altijd cursief

uitwerking

- *Bereken de waarde van a en b in deze formule.*

  De richtingscoëfficiënt $a = \dfrac{6-3}{30} = 0{,}1$

  Bij de start is het aantal woningen 3 miljoen, dus $b = 3$.

  De formule luidt $W = 0{,}1t + 3$ met W in miljoenen en t in jaren, met $t = 0$ is 1962.

inhoud

* Dit onderwerp is alleen bestemd voor het schoolexamen.

1 Rekenen en algebra

voorrangsregel

afgesproken volgorde bij een berekening

- **1. binnen de haakjes berekenen**
- **2. machtsverheffen en worteltrekken**
- **3. vermenigvuldigen en/of delen** in volgorde zoals het opgeschreven staat
- **4. optellen en/of aftrekken** in volgorde zoals het opgeschreven staat

wortel $\sqrt[p]{a}$

- **in een examenopgave is het getal onder het wortelteken altijd positief**
- **in een examenopgave is de uitkomst van een wortel altijd positief**
- $\sqrt{a}$ spreek je uit als de tweede machtswortel wortel uit a.
  - $\sqrt{a} = b$ **als** $b^2 = a$
- $\sqrt[3]{a}$ spreek je uit als de derde machtswortel wortel uit a.
  - $\sqrt[3]{a} = b$ **als** $b^3 = a$
- **rekenregels**
  - $\sqrt{A \cdot B} = \sqrt{A} \cdot \sqrt{B}$
  - $\sqrt{\frac{A}{B}} = \frac{\sqrt{A}}{\sqrt{B}}$

macht a^p

- a **het grondtal en** p **de exponent**
  - **gehele exponent** $a^n = a \cdot a \cdot a \ldots \cdot a$ (a in totaal n keer opschrijven)
  - **negatieve exponent** $a^{-n} = \frac{1}{a^n}$
  - **gebroken exponent** $a^{\frac{p}{q}} = \sqrt[q]{a^p}$
- **rekenregels**
  - $a^p \cdot a^q = a^{p+q}$
  - $\frac{a^p}{a^q} = a^{p-q}$
  - $(a^p)^q = a^{p \cdot q}$
  - $a^0 = 1$
- **wetenschappelijke notatie** een getal schrijven als $k \cdot 10^p$, $1 < k < 10$ en p een geheel getal

volgorde van bewerking

- *Bereken*: $100 \cdot (1 - 0{,}61^{5,5}) - 50 \cdot 5{,}5 \cdot 0{,}61^{5,5}$

  eerst tussen haakjes en machtsverheffen: $100 \cdot (0{,}9340...) - 50 \cdot 5{,}5 \cdot 0{,}0659... =$

  dan vermenigvuldigen: $93{,}40 - 18{,}14... =$

  tenslotte aftrekken: $75{,}26...$

- *Bereken:* $100 - 100 \cdot \left(\frac{50\,000}{150\,000}\right)^{1,77}$

  eerst tussen haakjes: $100 - 100 \cdot (0{,}33...)^{1,77}$

  dan machtsverheffen: $100 - 100 \cdot 0{,}143...$

  dan vermenigvuldigen: $100 - 14{,}3...$

  tenslotte aftrekken: $100 - 14{,}3... = 85{,}69...$

wortel

- *Herleid*: $\sqrt{\frac{0{,}4 \cdot 0{,}6}{n}}$

  $\sqrt{\frac{0{,}4 \cdot 0{,}6}{n}} = \frac{\sqrt{0{,}24}}{\sqrt{n}} = \frac{0{,}489...}{\sqrt{n}}$

macht

voorbeelden

- $10^2 \cdot 10^3 = 10^5 = 100\,000$ (grondtallen gelijk, tel de exponenten op)
- $(10^3)^2 = 10^6 = 1000\,000$ (vermenigvuldig de exponenten)
- $(-10)^2 \cdot (-10)^3 = (-10)^5 = -100\,000$ (oneven exponent 5, dus – blijft staan)
- $10^{\frac{1}{3}} = 2{,}15443$ (met de rekenmachine: 10 ^ (1:3) enter)
- $10^2 : 10^3 = 10^{-1} = \frac{1}{10} = 0{,}1$ (exponenten aftrekken)
- $10^2 \cdot 10^{-2} = 10^0 = 1$ (elk getal, behalve 0, tot een macht 0 is 1)

toepassingen

- *Bereken:* $0{,}977^{10}$

  $0{,}977^{10} = 0{,}7924...$

- *Bereken:* $2{,}81 \cdot 0{,}35^{1,67} \cdot 0{,}21^{-1,17}$

  $2{,}81 \cdot 0{,}35^{1,67} \cdot 0{,}21^{-1,17} = 2{,}81 \cdot 0{,}1732... \cdot 6{,}2087... = 3{,}022...$

wetenschappelijke notatie

- $135\,687 = 1{,}35687 \cdot 10^5$
- $0{,}03 = 3 \cdot 10^{-2}$
- $0{,}15 \cdot 10^5 = 1{,}5 \cdot 10^{-1} \cdot 10^5 = 1{,}5 \cdot 10^4$

breuk

- **breuk** = $\frac{\textbf{teller}}{\textbf{noemer}}$
- **rekenregels**: gelijknamig maken, optellen, vermenigvuldigen, delen
  - $\frac{A}{B}+\frac{C}{D}=\frac{AD}{BD}+\frac{BC}{BD}=\frac{AD+BC}{BD}$ gelijknamig maken
  - $\frac{A}{B}+C=\frac{A}{B}+\frac{B\cdot C}{B}=\frac{A+B\cdot C}{B}$ optellen
  - $A\cdot\frac{B}{C}=\frac{A}{1}\cdot\frac{B}{C}=\frac{A\cdot B}{C}$ ook te schrijven als $A\cdot B\cdot\frac{1}{C}$ of als $B\cdot\frac{A}{C}$
  - $\frac{A}{B}\cdot\frac{C}{D}=\frac{A\cdot C}{B\cdot D}$ vermenigvuldigen
  - $\frac{A}{\left(\frac{B}{C}\right)}=A\cdot\frac{C}{B}=\frac{A}{1}\cdot\frac{C}{B}=\frac{A\cdot C}{B}$ delen door een breuk is vermenigvuldigen met zijn omgekeerde
  - **vereenvoudigen** getallen boven en onder door hetzelfde getal delen
  - $\frac{A\cdot C}{A\cdot B}=\frac{\cancel{A}\cdot C}{\cancel{A}\cdot B}=\frac{C}{B}$
  - $\frac{A+C}{A\cdot B}$ niet te vereenvoudigen
- **kruislings vermenigvuldigen**
  - $\frac{A}{B}=\frac{C}{D}$ **is te herschrijven tot** $A\cdot D=B\cdot C$ **, mits** $B\neq 0$ **én** $D\neq 0$

verhouding

- **een verhouding is te schrijven als breuk** $\frac{\text{deel}}{\text{totaal}}$
- **verhoudingstabel** als hulpmiddel bij rekenen met verhoudingen
  - **een verhoudingstabel geeft een overzicht van de samenhang tussen twee getallen**
  - **een verhoudingstabel bestaat meestal uit twee rijen en meerdere kolommen**
  - **in de eerste kolom staan de variabelen**
  - **boven en onder de tabel zet je wat je doet (delen of vermenigvuldigen**
  - **in de ene rij deel of vermenigvuldig je net zo als in de andere rij** de verhouding tussen de variabelen blijft daarmee gelijk
  - **bij het rekenen is het vaak handig om eerst naar 1 te gaan**

voorbeeld

		:10	×4	
*variabele*1	10	1	4	
*variabele*2	30	3	12	
		:10	×4	

breuk

rekenregels

- $\frac{3}{4}+\frac{1}{5}=\frac{3\cdot5}{4\cdot5}+\frac{1\cdot4}{5\cdot4}=\frac{15}{20}+\frac{4}{20}=\frac{19}{20}$ (eerst gelijknamig maken)
- $1\frac{2}{9}-\frac{3}{5}=\frac{11}{9}-\frac{3}{5}=\frac{11\cdot5}{9\cdot5}-\frac{3\cdot9}{5\cdot9}=\frac{55}{45}-\frac{27}{45}=\frac{28}{45}$ (breuk eerst herschrijven tot $\frac{11}{9}$)
- $1\frac{2}{9}.\frac{3}{5}=1\frac{2}{9}.\frac{3}{5}=\frac{11}{9}.\frac{3}{5}=\frac{33}{45}=\frac{11}{15}$ (tellers en noemers vermenigvuldigen en vereenvoudigen)
- $\frac{3}{x}+2=\frac{3}{x}+\frac{2x}{x}=\frac{3+2x}{x}$ (eerst gelijknamig maken)
- $\frac{1\frac{2}{9}}{4\frac{2}{5}}=\frac{\left(\frac{11}{9}\right)}{\left(\frac{22}{5}\right)}=\frac{11}{9}.\frac{5}{22}=\frac{55}{198}=\frac{5}{18}$ (delen door breuk, vermenigvuldig met omgekeerde)

verhouding

Bij elke 7800 kcal die je meer eet dan je nodig hebt, is de gewichtstoename 1 kg.
Iemand eet op een dag 2144 kcal teveel.

- *Met hoeveel gram neemt zijn gewicht daardoor toe? (1 kg = 1000 gram)*
  Met een verhoudingstabel; ga eerst naar 1 kcal.

		: 7800	×2144
aantal kcal	7800	1	2144
toename gewicht (in gram)	1000	0,1280...	274,87...
		: 7800	×2144

Dus de gewichtstoename is ongeveer 275 gram.

absoluut en relatief

- **absolute verandering** trek de werkelijke aantallen van elkaar af
- **relatieve verandering** de absolute verandering in verhouding tot het totale aantal
- **een relatieve verandering bereken je met** $\frac{\text{absolute verandering}}{\text{totaal}} \cdot 100\%$

procent

- **een percentage bereken je met** $\frac{\text{deel}}{\text{totaal}} \cdot 100\%$
- **een procentuele stijging of daling bereken je met** $\frac{\text{nieuw} - \text{oud}}{\text{oud}} \cdot 100\%$

breuk en decimaal getal

- **een decimaal getal is een getal met een komma erin**
  - **eerste getal na de komma is een tiende** in 2,385 is 3 drie tiende
  - **tweede getal na de komma is een honderdste** in 2,385 is 8 acht honderdste
  - **derde getal na de komma is een duizendste** in 2,385 is 5 vijf duizendste
- **een breuk kun je schrijven als een decimaal getal en omgekeerd**

absoluut en relatief

Verkeerstellingen op het traject Maarssen-Utrecht west leverden op dat in 1987 per etmaal 94 000 motorvoertuigen passeerden. In 1990 was dat aantal toegenomen naar 110 000.

- *Bereken de absolute en de relatieve stijging van het aantal motorvoertuigen van 1987 tot 1990.*
  De absolute stijging is 110 000 – 94 000 = 16 000
  De relatieve stijging is $\frac{16\,000}{94\,000} \cdot 100\% = 17\%$

procent

- In 2009 was het verbruik van duurzame energie 4% van het totale energieverbruik.
  In 2007 was het verbruik van duurzame energie 2,8% van het totale energieverbruik.
  Met hoeveel procent is het aandeel van duurzame energie in twee jaar toegenomen?
  $\frac{\text{nieuw} - \text{oud}}{\text{oud}} \cdot 100\% = \frac{4 - 2{,}8}{2{,}8} \cdot 100\% = \frac{1{,}2}{2{,}8} \cdot 100\% = 42{,}85...\%$; dus ongeveer 43%
- 3% is 159
  Hoeveel is 100%?
  $\frac{159}{3} \cdot 100\% = 5300$
- Bij een snelheidsmeting van een auto wordt op een bepaald moment voor de snelheid v opgegeven dat $v^2 = 15\,235$. De snelheid v is in km/uur. De snelheidsmeter in de auto geeft op dat moment aan een snelheid van 110 km/uur.
  Hoeveel procent wijkt de snelheid op de snelheidsmeter af van de gemeten snelheid?
  De gemeten snelheid $v = \sqrt{15\,235} = 123{,}4...$
  De procentuele afwijking is dan $\frac{123{,}4 - 110}{110} \cdot 100\% = \frac{13{,}4}{110} \cdot 100\% = 10{,}8...\%$;
  dus ongeveer 11%

breuk en decimaal getal

voorbeelden van omzettingen; reken zelf na

a $\frac{1}{50} = 0{,}02$

b $\frac{1}{0{,}008} = 125$

c $\frac{2 \cdot 21{,}49 + 2}{3{,}14 \cdot 21{,}49} = \frac{44{,}98}{67{,}4786} = 0{,}666...$; dit is ongeveer $\frac{2}{3}$

afronden

- **afronden bij berekeningen**
  - **decimaal groter of gelijk aan 5** voorafgaand getal afronden naar boven; 2,36 wordt 2,4
  - **decimaal kleiner dan 5** voorafgaand getal afronden naar beneden; 2,32 wordt 2,3
  - **afronden in één decimaal** kijk naar de tweede decimaal; 2,346 wordt 2,3
  - **afronden in twee decimalen** kijk naar de derde decimaal; 2,346 wordt 2,35
- **afronden en nauwkeurigheid in praktijksituaties**
  - **kijk welke nauwkeurigheid gevraagd wordt** hele euro's, centen of in duizendtallen
  - **afronden op tientallen** de eenheid wordt een 0; bij een eenheid van 5 of hoger wordt het tiental met 1 verhoogd; een eenheid van 4 of lager laat het tiental ongewijzigd; 23 wordt 20 en 27 wordt 30
  - **afronden op honderdtallen** de eenheid en het tiental worden 0; bij een tiental van 5 of hoger wordt het honderdtal met 1 verhoogd; een tiental van 4 of lager laat het honderdtal ongewijzigd; 347 wordt 300 en 352 wordt 400
  - **afronden op duizendtallen** de eenheid, het tiental en het honderdtal worden 0; bij een honderdtal van 5 of hoger wordt het duizendtal met 1 verhoogd; een honderdtal van 4 of lager laat het duizendtal ongewijzigd; 4512 wordt 5000 en 6417 wordt 6000
  - **kijk naar de betekenis van de getallen** bijvoorbeeld hele rollen behang of potten verf; soms moet je naar het eerst gehele getal erboven afronden

haakjes wegwerken

- $A(B + C) = AB + AC$
- $(A + B)(C + D) = AC + AD + BC + BD$
- $(x + a)(x + b) = x^2 + (a + b)x + ab$

afronden

- 21,3068...is afgerond op twee decimalen 21,31
- *Bereken en rond af op duizenden:* $\sqrt{\frac{946\,623}{267\,532}} \cdot 13\,000$

$$\sqrt{\frac{946\,623}{267\,532}} \cdot 13\,000 = \sqrt{3{,}53...} \cdot 13\,000 = 1{,}88... \cdot 13\,000 = 24\,453{,}6.... .$$

Het honderdtal is een 4, dus afgerond op duizenden: 24000

haakjes wegwerken

voorbeeld 1. Gegeven de volgende twee formules:

$$P = 100 - 100 \cdot \left(\frac{50\,000}{x}\right)^{1{,}77} \quad \text{en } P = 100 - 100 \cdot \left(\frac{71\,396}{y}\right)^{1{,}77}$$

Uit de twee formules is een formule af te leiden van de vorm: $y = ax$.

- *Bereken a. Geef het antwoord in twee decimalen.*

Er geldt $\frac{50\,000}{x} = \frac{71\,396}{y}$. Hieruit volgt $y = \frac{71\,396}{50\,000}x$

Dus $a = \frac{71\,396}{50\,000} = 1{,}427...$; afgerond $a = 1{,}43$

voorbeeld 2. Gegeven

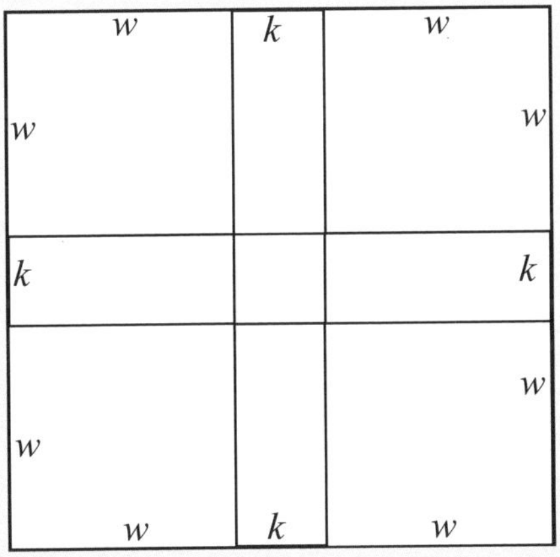

- *Wat is de oppervlakte van dit vierkant geschreven met de letters w en k?*
  Schrijf deze oppervlakte als een volledig kwadraat (...........)²
  De oppervlakte = $(w + k + w)\,(w + k + w) = (2w + k)\,(2w + k) = (2w + k)^2$
- *Schrijf deze oppervlakte zonder haakjes zo eenvoudig mogelijk.*
  De oppervlakte = $(2w + k)(2w + k) = 2w \cdot 2w + 2w \cdot k + k \cdot 2w + k \cdot k = 4w^2 + 2kw + 2kw + k^2 =$
  $4w^2 + 4kw + k^2 =$

grote en kleine getallen, voorvoegsel

voorkomt het opschrijven van (veel) nullen

- **milli-** (m) 0,001 = 1 duizendste
- **centi-** (c) 0,01 = 1 honderdste
- **deci-** (d) 0,1 = 1 tiende
- **deca-** (da) 10 = tien
- **hecto-** (h) 100 = honderd
- **kilo-** (k) 1000 = duizend

grootheden, maatsysteem, omrekenen

- **grootheden**
  - **lengte** basiseenheid meter (m)
  - **oppervlakte** basiseenheid vierkante meter (m^2)
  - **inhoud** basiseenheid kubieke meter (m^3) of de liter (l = 1 dm^3)
  - **gewicht** basiseenheid gram (g)
- **maatsysteem** metriek stelsel geeft de samenhang tussen de verschillende eenheden

× 10 → × 10 → × 10 → × 10 → × 10 → × 10 →

lengte	km	hm	dam	m	dm	cm	mm
gewicht	kg	hg	dag	g	dg	cg	mg
inhoud 1		hl	dal	l	dl	cl	ml

← : 10 ← : 10 ← : 10 ← : 10 ← : 10 ← : 10

× 100 → × 100 → × 100 → × 100 → × 100 → × 100 →

oppervlakte		hm^2	dam^2	m^2	dm^2	cm^2	mm^2

← : 100 ← : 100 ← : 100 ← : 100 ← : 100 ← : 100

× 1000 → × 1000 → × 1000 → × 1000 → × 1000 →

inhoud 2			dam^3	m^3	dm^3 = 1 liter	cm^3	mm^3

← : 1000 ← : 1000 ← : 1000 ← : 1000 ← : 1000

- **omrekenen** een eenheid omzetten naar een andere eenheid
  - **lengte, gewicht en inhoud 1 (standaardeenheid is de liter)** per stap een factor 10
  - **oppervlakte** per stap een factor 100
  - **inhoud 2 (standaardeenheid is de m^3)** per stap een factor 1000

grote en kleine getallen, voorvoegsels
millimeter (mm) = 0,001 meter
centiliter (cl) = 0,01 liter
decimeter (dm) = 0,1 meter
decameter (dam) = 10 meter
hectoliter (hl) = 100 liter
kilogram (kg) = 1000 gram

grootheden, maatsysteem, omrekenen
In de bovenste tabel lees je bijvoorbeeld af dat 1 m = 10 dm = 100 cm (dus steeds keer 10).
Dat gaat hetzelfde voor gewicht en inhoud1.
Naar rechts gaan betekent dus vermenigvuldigen met 10.
In de bovenste tabel lees je bijvoorbeeld af dat 1 ml = 0,1 cl = 0,01 dl = 0,001 l (dus steeds delen door 10). Dat gaat hetzelfde voor gewicht en inhoud1.
Naar links gaan betekent dus delen door 10.
In de tabel voor oppervlakte gaan het net zo, maar nu met stappen van 100 en bij inhoud2 met stappen van duizend.

- 2 km = 20 hm = 20 000 dm = 200 000 cm
- 4 l = 400 cl
- 30 dl = 3000 ml
- 1000 mg = 1 g
- 360 m^2 = 36 000 dm^2
- 512 000 cm^3 = 512 dm^3
- 2500 cm^3 = 2,5 dm^3 = 2,5 liter

2 Tabellen en grafieken

tabel

- **geeft een overzicht** van het verband tussen samenhangende variabelen
- **heeft een opschrift** vertelt waar de tabel over gaat

standaardverbanden

kenmerken; de variabelen staan in twee rijen in een tabel onder elkaar

- **lineair verband** als in de bovenste rij de getallen opeenvolgend zijn en het verschil tussen twee opvolgende getallen is steeds gelijk, dan is het verschil tussen twee opvolgende getallen in de onderste rij steeds gelijk
- **evenredig verband** als in de bovenste rij de getallen opeenvolgend zijn en het verschil tussen twee opvolgende getallen is steeds gelijk, dan is het quotiënt van twee bijbehorende getallen uit de bovenste en de onderste rij steeds gelijk
- **omgekeerd evenredig verband** als in de bovenste rij de getallen opeenvolgend zijn en het verschil tussen twee opvolgende getallen is steeds gelijk, dan is het product van twee bijbehorende getallen uit de bovenste en de onderste rij steeds gelijk
- **exponentieel verband** als in de bovenste rij de getallen opeenvolgend zijn en het verschil tussen twee opvolgende getallen is steeds gelijk, dan is het quotiënt van twee opvolgende getallen uit de tweede rij gelijk

formules (x en y zijn de variabelen; a, en b heten de parameters (parameters zijn vaste getallen))

- **lineair verband** $y = ax + b$
- **recht evenredig verband** $y = ax$ *of* $\frac{y}{x} = a$
- **omgekeerd evenredig verband** $x \cdot y = a$ *of* $y = \frac{a}{x}$
- **exponentieel verband** $y = a \cdot g^x$
- **grenswaarde** het getal waar de uitkomst van een formule naar nadert als de variabele heel groot wordt.

voorbeeld

$A = \frac{4500}{5 + 310 \cdot 0{,}926^t}$. In deze formule nadert $310 \cdot 0{,}926^t$ naar 0 als t groter wordt, dus A nadert naar de grenswaarde $\frac{4500}{5} = 1500$.

standaardverbanden

lineair verband

Bij een scheiding moet voor de kinderen alimentatie worden betaald. De hoogte van de alimentatie hangt af van het gezinsinkomen voor de scheiding en het aantal kinderen. In de tabel is de alimentatie vermeld voor 3 kinderen.

gezinsinkomen G per maand voor de scheiding	€1500	€2000	€2500	€3000	€3500
alimentatie A voor 3 kinderen	€359	€533	€706	€880	€1053

- *Ga na dat het verband tussen A en G (bij benadering) lineair is.*
  Het inkomen neemt steeds toe met het zelfde bedrag van € 500. De toename van de kindalimentatie is achtereenvolgens 174 (= 533 – 359), 173, 174, 173. Deze toename is steeds ongeveer hetzelfde bedrag. Het verband tussen A en G is bij benadering lineair.

evenredig verband

Het verband tussen twee variabelen x en y is in de tabel gegeven.

x	1	2	3	4	5	6
y	3	6	9	12	15	18

- *Ga na dat het verband evenredig is.*
  De getallen in de bovenste rij staan op volgorde. Het verschil is steeds 1.
  Het quotiënt $\frac{y}{x} = \frac{3}{1} = \frac{6}{2} = \frac{9}{3} = 3$. Het quotiënt is steeds 3.
  Het verband tussen x en y is evenredig.
  Een andere schrijfwijze van het verband is $y = 3 \cdot x$
  (Omdat het verschil van de y-waarden steeds 3 is, is het ook een lineair verband.)

omgekeerd evenredig verband

x	1	2	3	4	5	6
y	24	12	8	6	4,8	4

Het verband tussen twee variabelen x en y is in de tabel gegeven.

- *Ga na dat het verband omgekeerd evenredig is.*
  De getallen in de bovenste rij staan op volgorde. Het verschil is steeds 1.
  Het product $x \cdot y = 24 \cdot 1 = 12 \cdot 2 = 8 \cdot 3 = 24$.
  Het product is steeds 24. Het verband tussen x en y is omgekeerd evenredig.

exponentieel verband

Het verband tussen twee variabelen x en y is in de tabel gegeven.

x	0	1	2	3	4	5
y	3	6	12	24	48	96

- *Ga na dat het verband exponentieel is.*
  De getallen in de bovenste rij staan op volgorde. Het verschil is steeds 1. Het quotiënt van twee opvolgende y-waarden is $\frac{6}{3} = \frac{12}{6} = \frac{24}{12} = 2$. Het quotiënt is steeds 2. Het verband tussen x en y is exponentieel.

schaalverdelingen

- **lineaire schaalverdeling** per eenheid op de as wordt een vast getal opgeteld

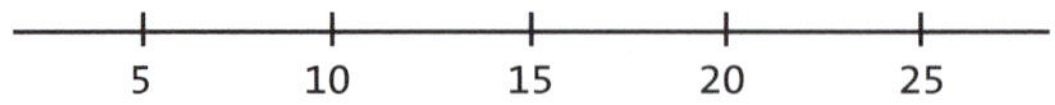

- **logaritmische schaalverdeling** per eenheid op de as wordt met een vast getal vermenigvuldigd, meestal met 10

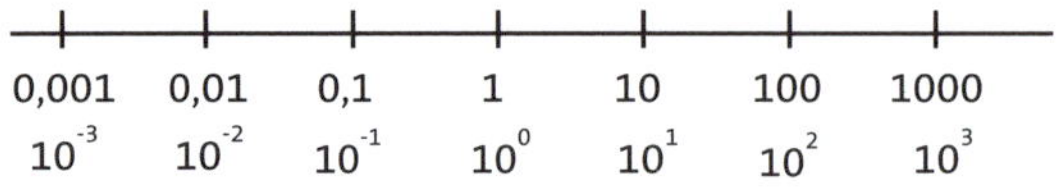

- **enkellogaritmisch grafiekenpapier**
  - **verticale as** logaritmische schaalverdeling
  - **horizontale as** lineaire schaalverdeling

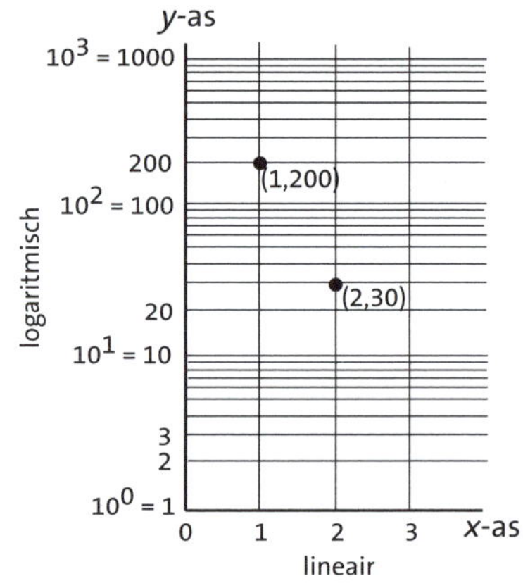

grafiek

- **soort grafieken**
  - **vloeiende kromme** als alle punten een betekenis hebben
  - **aantal rechte lijn stukken** al of niet met sprongen
  - **aantal losse punten** worden voor het overzicht toch meestal verbonden door lijnstukken, ook al hebben de tussenliggende waarden misschien geen betekenis
- **misleiding in grafieken**
  - **gebruik van een scheurlijntje of zaagtand** onderbreking in een as
  - **veranderen van de eenheid op een as** invloed op de helling van de grafiek
- **trend en trendlijn** een ontwikkeling over een langere periode heet een trend; de grafiek ervan heet een trendlijn; meestal een rechte lijn.

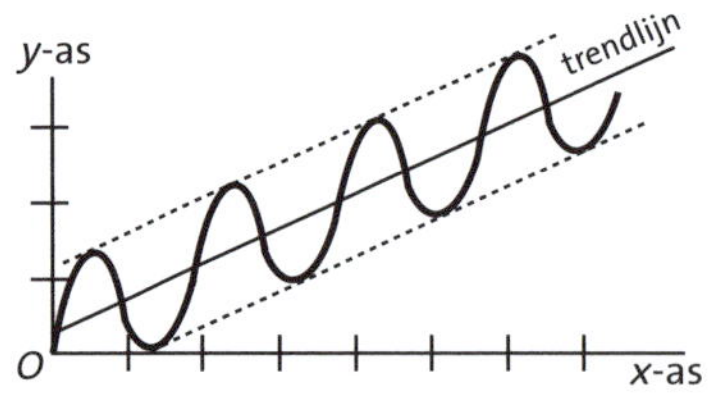

- **bijzondere lijnen**
  - $y = b$ de grafiek is een horizontale lijn
  - $x = c$ de grafiek is een verticale lijn

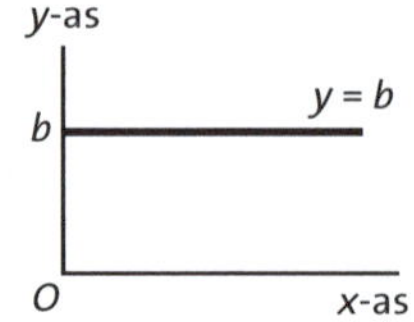

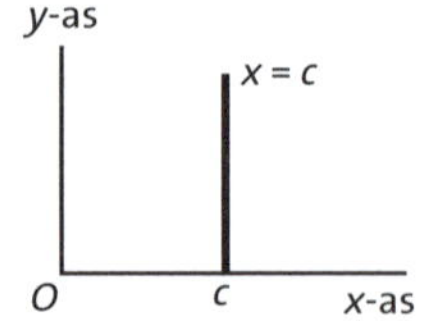

schaalverdelingen

Hieronder is een grafiek getekend op enkellogaritmisch grafiekenpapier.

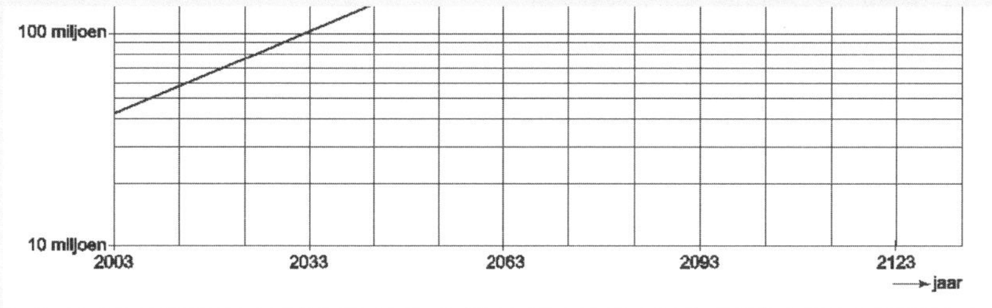

Bij het jaar 2013 hoort ongeveer 60 miljoen euro.
Bij het jaar 2023 hoort ongeveer 78 miljoen euro.
Bij het jaar 2033 hoort ongeveer 102 miljoen euro.

grafiek

soorten grafieken

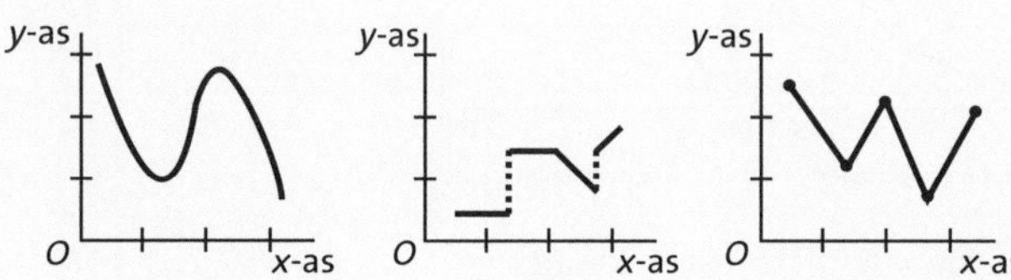

vloeiende kromme spongen losse punten

misleiding in grafieken

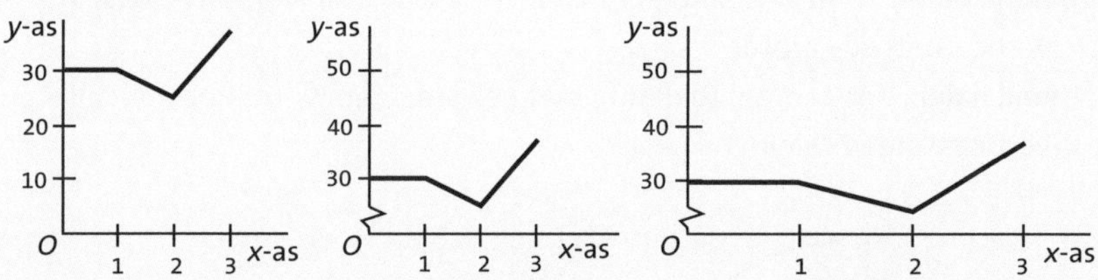

met zaagtand uitgerekte *x*-as

trend en trendlijn

In onderstaande grafiek is het verloop van het totale ijsoppervlak van de Noordpool in de winter zichtbaar. In de figuur is een trendlijn getekend, waaruit zichtbaar is dat de ijsoppervlakte systematisch afneemt.

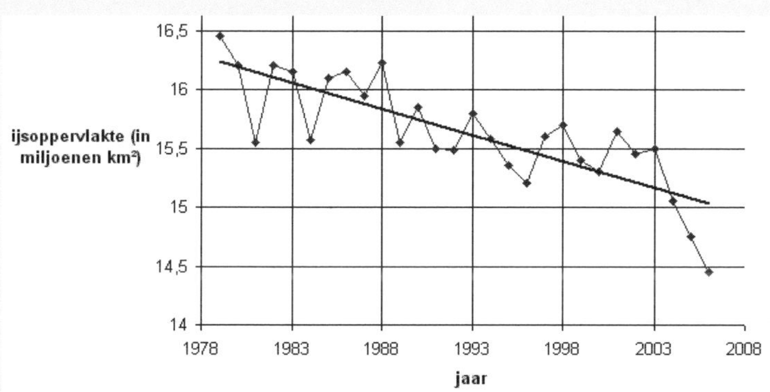

bijzonderheden van een grafiek

- **uiterste waarde**
  - **maximum** grootste waarde die een grafiek in verticale richting bereikt
  - **minimum** kleinste waarde die een grafiek in verticale richting bereikt

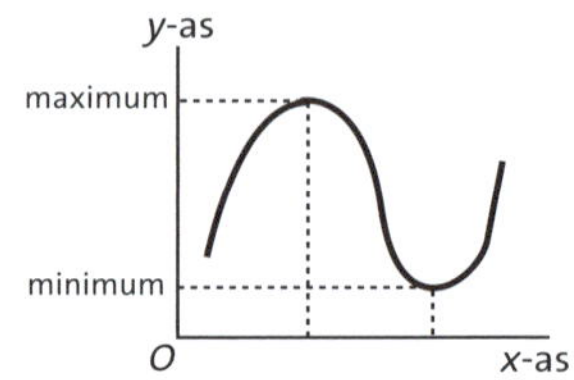

- **stijgen, dalen**
  - **stijgen** van links naar rechts worden de uitkomsten groter
    - **constant stijgen** horizontaal toename met één stap dan is het verschil verticaal steeds hetzelfde
    - **toenemend stijgen** horizontaal toename met één stap dan wordt het verschil verticaal steeds groter
    - **afnemend stijgen** horizontaal toename met één stap dan wordt het verschil verticaal steeds kleiner

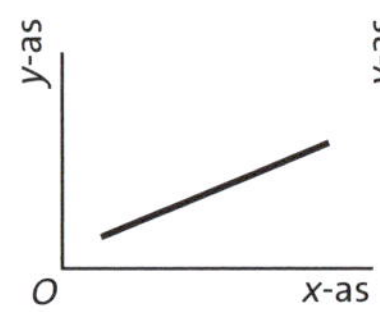

constant stijgen

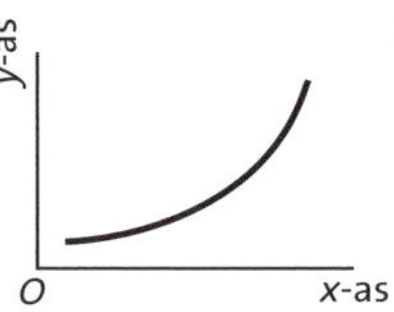

toenemend stijgen

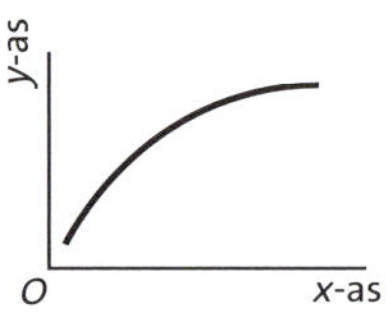

afnemend stijgen

  - **dalen** van links naar rechts worden de uitkomsten kleiner
    - **constant dalen** horizontaal toename met één stap dan is het verschil verticaal steeds hetzelfde
    - **toenemend dalen** horizontaal toename met één stap dan wordt het verschil verticaal steeds groter
    - **afnemend dalen** horizontaal toename met één stap dan wordt het verschil verticaal steeds kleiner

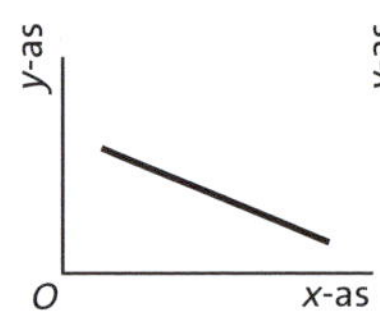

constant dalen

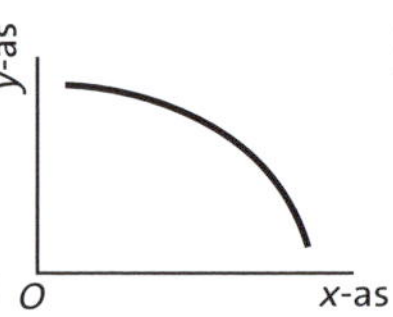

toenemend dalen

afnemend dalen

- **buigpunt** een punt waar de grafiek van hol in bol overgaat of van bol naar hol overgaat

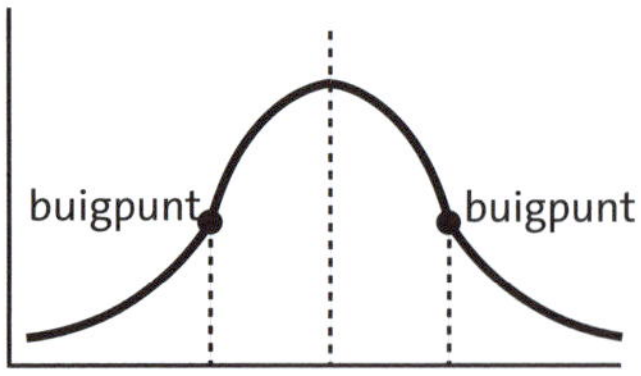

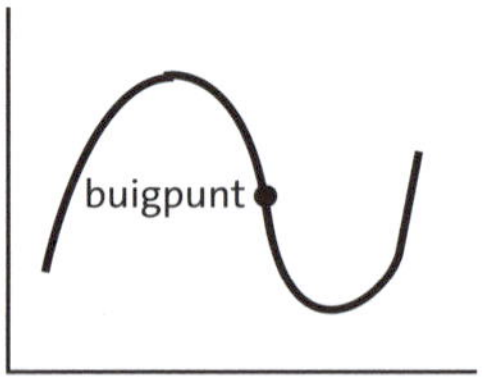

bijzonderheden van een grafiek

uiterste waarde

Hieronder staat de grafiek van het aantal huwelijkssluitingen in Nederland over de periode 1950 tot 1985.

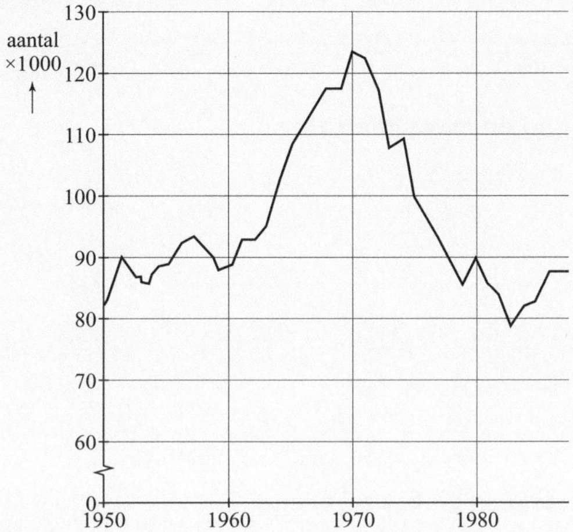

In de grafiek kun je aflezen dat het maximale aantal huwelijkssluitingen 123 000 was in 1970.
In deze grafiek kun je aflezen dat het minimale aantal huwelijkssluitingen 79 000 was in 1982.

stijgen, dalen

Onder de grafieken is aangegeven van wat voor soort stijging sprake is.

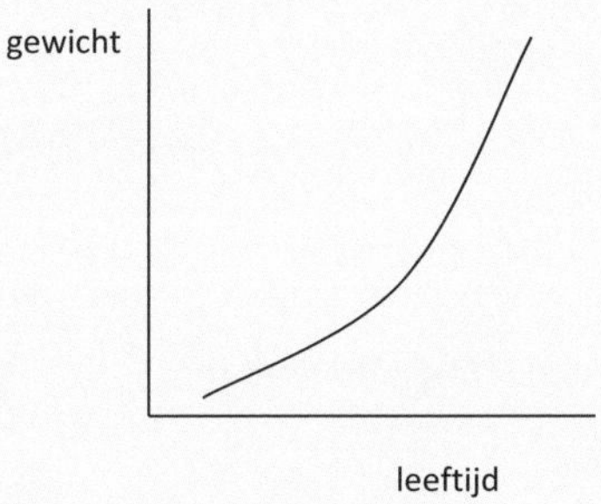

toenemend stijgen

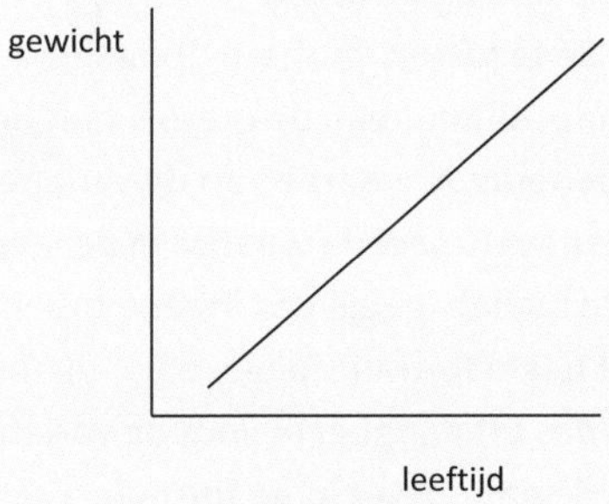

constant stijgen

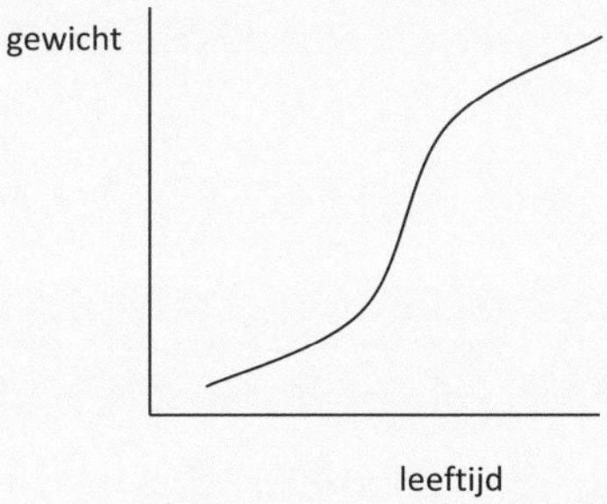

eerst toenemend stijgend
en dan afnemend stijgend

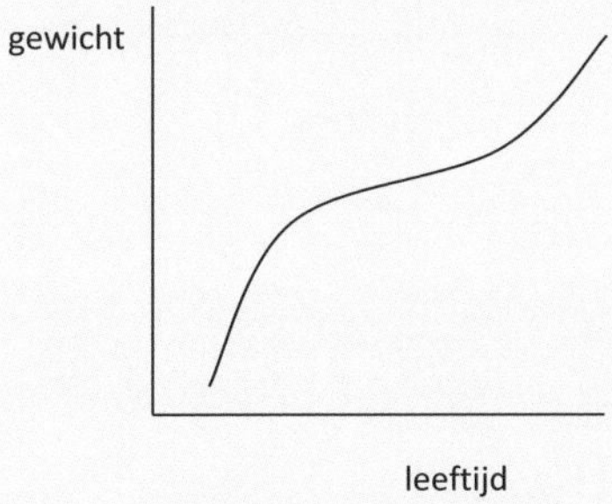

eerst afnemend stijgend
en daarna toenemend stijgend

tabel maken

- **uit een formule** kies een waarde voor een variabele en bereken steeds de bijbehorende waarde van de andere variabelen. Een tabel van het verband gegeven door de formule $y = 3x + 5$ staat hieronder.

x	1	2	3	4	5	6
y	8	11	14	17	20	23

- **uit een grafiek** lees uit de grafiek de bij elkaar horende waarden af.
- **met een GRM** zie hoofdstuk 10 of 11

gebruik van tabellen en grafieken

tabellen en grafieken kunnen worden gebruikt om

- **conclusies te trekken**
  - **1. overdenk wat je moet nagaan**
  - **2. zoek de benodigde informatie**
  - **3. trek een conclusie**
- **te tekenen** met de gegevens in een tabel of tekst een grafiek tekenen
  - **1.kies de variabelen** geef ze een naam
  - **2.bepaal coördinatenparen**
  - **3. maak de tabel** zet de juiste gegevens erbij

    of
  - **3. teken de grafiek** maak een verdeling op de assen en zet de namen van de variabelen bij de assen
- **een vergelijking op te lossen** grafisch oplossen
  - **1. bepaal het snijpunt van de grafiek met de juiste lijn**
  - **2. lees de benodigde waarde van de variabele af**
  - **3. controleer eventueel de waarde in de vergelijking**
- **een formule op te stellen** gegevens uit een tabel gebruik
  - **1. neem de juiste formule** gegeven of de formule van een standaard verband
  - **2. vul waardes uit de tabel in voor de variabelen**
  - **3. bereken de parameter in de formule**

tabel maken

uit een formule

Gegeven een formule: $20 = \frac{1}{L^2} \cdot G$, met $L > 0$ en L tussen 1,4 en 2,1

- *Stel een tabel op van het verband tussen L en G.*

  Vul waarden in voor *L* en bereken de bijbehorende *G*.

L	1,4	1,6	1,8	2,0	2,1
G	39,2	51,2	64,8	80	88,2

uit een grafiek

In onderstaande grafiek is een verband getekend tussen gewicht en lengte.

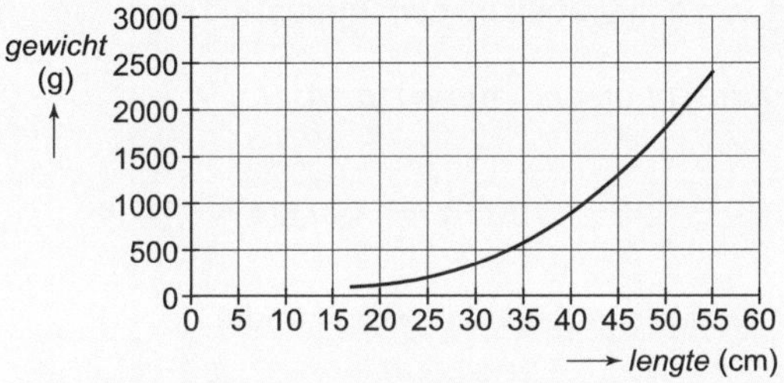

- *Maak een tabel voor het verband tussen deze twee variabelen.*

  Lees voor een aantal waarden van de lengte zo goed mogelijk het bijbehorende gewicht af .

lengte in cm	20	25	30	35	40
gewicht in gram	100	200	350	550	900

gebruik van tabellen en grafieken

conclusies trekken

Hieronder staan twee tabellen met enkele waarden die samenhangen met verkeersintensiteit en aantal files op het traject Utrecht-Amsterdam in 1990.

tabel 1

traject	**motorvoertuigen**
Holendrecht-Abcoude	115 000
Abcoude-Vinkeveen	107 000

tabel 2

traject	**aantal files**
Holendrecht-Abcoude	24
Abcoude-Vinkeveen	148

- *Ga na of de volgende bewering klopt:*

  'Hoe groter het aantal motorvoertuigen op een traject, hoe meer files op dat traject'

1. Lees het aantal motorvoertuigen af in tabel 1 en het aantal files in tabel 2.
2. Bij 115 000 motorvoertuigen horen 24 files en bij 107 000 motorvoertuigen horen 148 files.
3. Conclusie: 115 000 is hoger dan 107 000, maar 24 is lager dan 148, de bewering is niet waar.

een formule opstellen

In een tabel is een verband gegeven tussen snelheid *v* en hoogte *h*.

snelheid *v* (in km/uur)	0	20	40	60	80	100
hoogte *h* (in cm)	0	0,2	0,8	1,7	3,0	4,7

Het verband tussen *v* en *h* wordt gegeven door: $h = av^2$

- *Bereken met behulp van de tabel de waarde van a.*

  Vul bijvoorbeeld in $v = 20$ en $h = 0{,}2$. Dat geeft: $0{,}2 = a \cdot 20^2$, dus $a = \frac{0{,}2}{400} = 0{,}0005$

3 Veranderingen*

intervalnotatie

- **[a, b]** $a \leq x \leq b$, alle getallen tussen *a* en *b* met inbegrip van *a* en *b*
- **⟨a, b⟩** $a < x < b$, alle getallen tussen *a* en *b*
- **⟨a, →⟩** $x > a$, alle getallen groter dan *a*
- **⟨←, b⟩** $x < b$, alle getallen kleiner dan *b*

differentie verandering

- **delta-notatie** Δx is verandering in *x*-richting, Δy is verandering in *y*-richting
- **differentiequotiënt** gemiddelde verandering van een grafiek op een interval
- **formule** $\dfrac{\Delta y}{\Delta x} = \dfrac{f(b) - f(a)}{b - a}$ is het differentiequotiënt op het interval $[a, b]$

toenamediagram grafiek van de veranderingen in verticale richting van een grafiek als je steeds één stap naar rechts gaat

- **tekenen** de staven van een toenamediagram worden getekend boven of onder de rechtergrens van het interval
- **grootte van verandering** geeft informatie over de steilheid van de oorspronkelijke grafiek
- **positief toenamediagram** hoort bij een stijgende grafiek; staven getekend boven de *x*-as

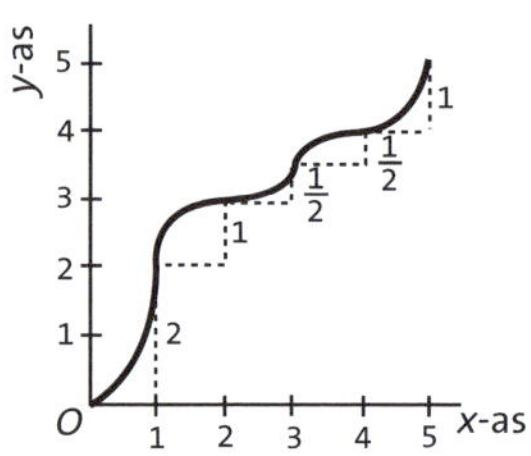

interval	toename
[0,1]	2
⟨1,2]	1
⟨2,3]	$\frac{1}{2}$
⟨3,4]	$\frac{1}{2}$
⟨4,5]	1

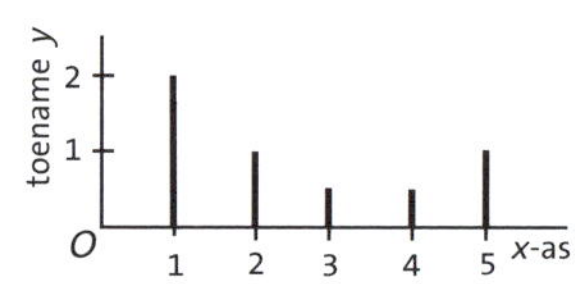

  - **toenemende stijging** staven nemen toe in grootte
  - **afnemende stijging** staven nemen af in grootte
- **negatief toenamediagram** hoort bij een dalende grafiek; staven getekend onder de *x*-as

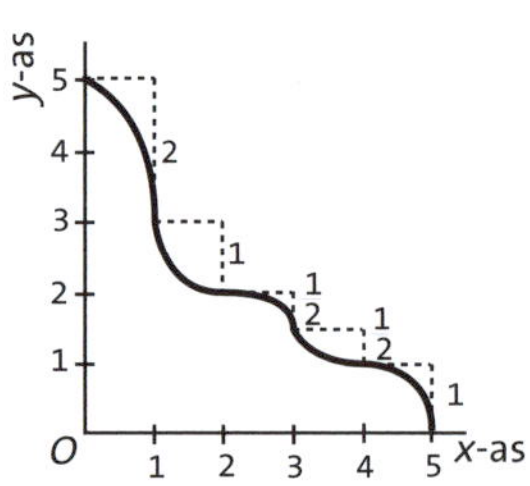

interval	toename
[0,1]	−2
⟨1,2]	−1
⟨2,3]	$-\frac{1}{2}$
⟨3,4]	$-\frac{1}{2}$
⟨4,5]	−1

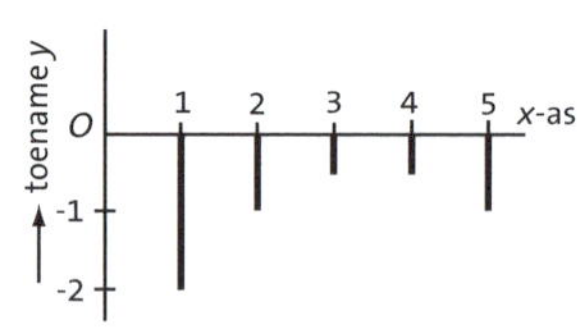

  - **toenemende daling** staven nemen toe in grootte
  - **afnemende daling** staven nemen af in grootte

* Dit onderwerp is alleen bestemd voor het schoolexamen.

verandering en grafiek

Johan blaast een ballon op. De grafiek geeft aan hoeveel lucht er in de ballon aanwezig is vanaf het moment dat Johan begint te blazen.

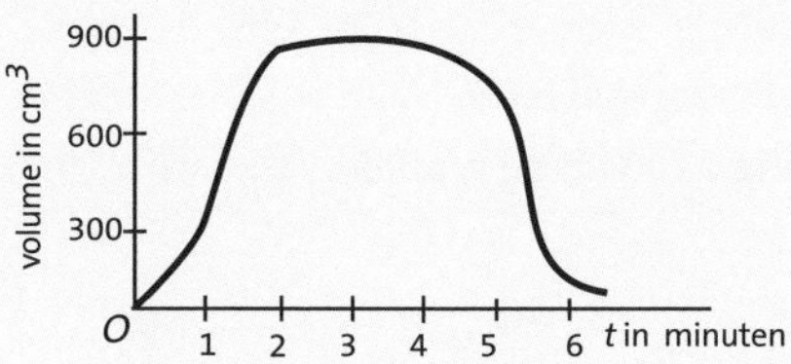

a *Gedurende welke minuut wordt er de meeste lucht de ballon in geblazen?*
b *Wat gebeurt er van de* 2^e *tot de* 4^e *minuut?*
c *Wat betekent de toenemende daling op het tijdsinterval* [4; 5]*?*

a Kijk waar de grafiek het steilst loopt. Dat is gedurende de tweede minuut.
b De grafiek loopt bijna horizontaal, dus er komt geen lucht meer bij in de ballon.
c De ballon loopt steeds sneller leeg; per tijdseenheid een steeds kleiner volume.

differentie

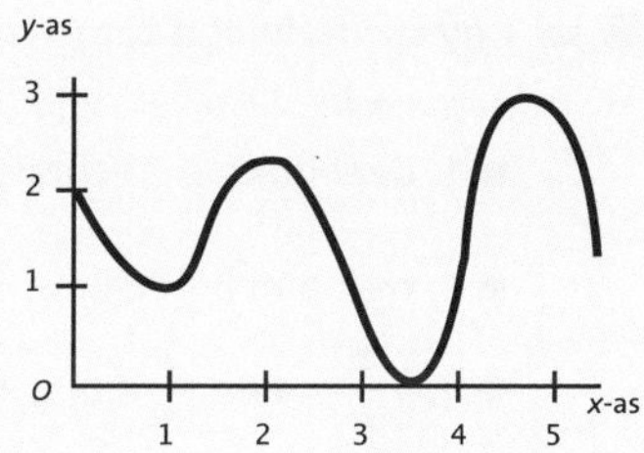

a *Bereken het differentiequotiënt op het interval* [2; 3,5].
b *Klopt dat met de grafiek?*
c *Bereken het differentiequotiënt op het interval* [1; 5].
d *Wat kun je zeggen van de grafiek op dat interval?*

a Bij $x = 2$ lees je af $y = 2{,}5$ en bij $x = 3{,}5$ hoort $y = 0$. Dat geeft een differentiecoëfficiënt van $\frac{0-2{,}5}{3{,}5-2} = \frac{-2{,}5}{1{,}5} = \frac{-5}{3} = -\frac{5}{3}$
b Ja, want de grafiek is dalend
c Bij $x = 5$ hoort $y = 3$ en bij $x = 1$ hoort $y = 1$. Dat geeft een differentiecoëfficiënt van $\frac{3-1}{5-1} = \frac{1}{2}$
d Alleen maar dat op dat interval het beginpunt van de grafiek hoger ligt dan het eindpunt. Tussen (1; 1) en (5; 3) kan de grafiek nog dalen en stijgen, zoals je kunt zien.

toenamediagram

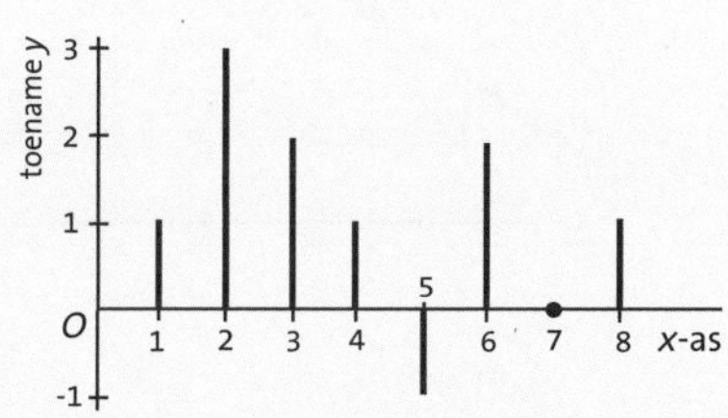

a *Op welk interval is de bijbehorende grafiek het steilst?*
b *Op welke interval is sprake van afnemende stijging?*
c *De grafiek gaat door (0; 3). Van welke punten weet je zeker dat de grafiek daar ook doorheen gaat?*

a De staaf is het langst op het interval [1; 2]. Op dat interval is de toename het grootst en de grafiek het steilst.
b Op het interval [2,4], want de bijbehorende staven worden steeds korter.
c De eerste staaf geeft aan dat x toeneemt van 0 naar 1; de bijbehorende y stijgt ook één stap; de grafiek gaat dus ook door (1; 4). Bij de tweede staaf neemt x weer één stap toe, terwijl de y-waarde dan met drie stappen stijgt; de grafiek gaat dus door (2, 7).
Op deze manier vind je de punten (3, 9), (4, 10), (5, 9), (6, 11), (7, 11) en (8, 12).

4 Lineaire verbanden

algemene kenmerken

- **formule** $y = ax + b$
- **startgetal *b*** invullen van $x = 0$ in de formule geeft het startgetal b
- **richtingscoëfficiënt (of hellingsgetal) *a*** geeft de richting aan van de grafiek
  - **$a = 0$** grafiek is een horizontale lijn
  - **$a > 0$** grafiek is stijgend
  - **$a < 0$** grafiek is dalend

recht evenredig verband tussen *x* en *y*

- **kenmerk** $\frac{y}{x} = a$, met a is een vast getal
- **formule** $y = ax$, met a is een vast getal
- **grafiek** gaat door $O(0,0)$

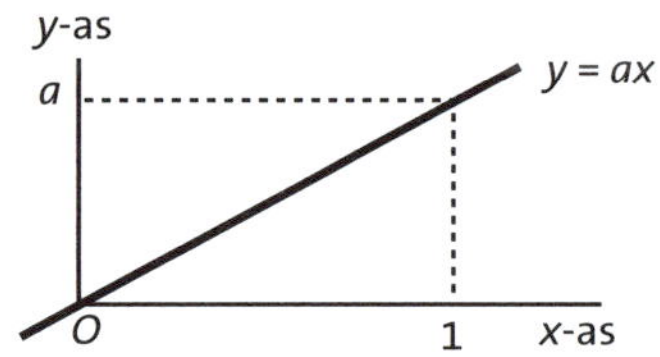

formule herleiden

- **$px + qy = r$ herleiden tot $y = ax + b$**

stappen

- **1. deel links en rechts door q** $\frac{p}{q}x + y = \frac{r}{q}$
- **2. trek aan beide kanten $\frac{p}{q}x$ af** $y = -\frac{p}{q}x + \frac{r}{q}$
- **3. $-\frac{p}{q} = a$ en $\frac{r}{q} = b$** geeft $y = ax + b$

formule opstellen

- **uit een grafiek**

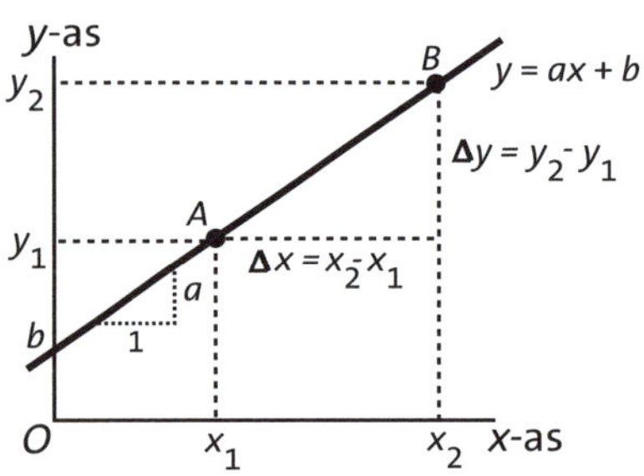

stappen

- **1. bereken de richtingscoefficiënt *a*** $a = \frac{y_2 - y_1}{x_2 - x_1}$
- **2a. lees het startgetal *b* af** lees af op de y-as in het snijpunt met de grafiek

of

- **2b. gebruik een punt op de grafiek** vul de coördinaten van dit punt in voor x en y en berekenen b uit $y = \frac{y_2 - y_1}{x_2 - x_1}x + b$
- **3. Schrijf de formule op** vul a en b in $y = ax + b$ in

recht evenredig verband tussen *x* en *y*

x	2	4	6
y	4	8	12

In de tabel is een verband gegeven tussen x en y.

a Ga na dat het verband lineair en evenredig is.
b Stel de formule op voor het verband.
c Teken de grafiek van het verband tussen x en y.

a $\frac{y}{x} = \frac{4}{2} = \frac{8}{4} = \frac{12}{6} = 2$; deling is steeds hetzelfde getal 2, dus een recht evenredig verband.

b $y = 2x$

c

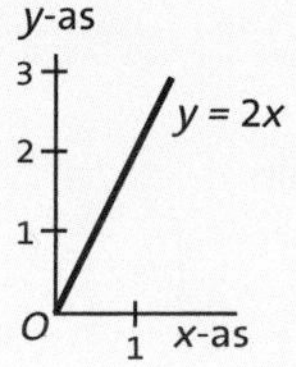

formule herleiden

$L = -0{,}1838 \cdot v + 36{,}38$. Deze formule is te schrijven in een vorm: $v = a \cdot L + b$

- *Bereken a en b. Rond af op 1 decimaal.*
  Uit de formule volgt: $-0{,}1838 \cdot v = L - 36{,}38$.
  Delen door $-0{,}1838$ geeft: $v = \frac{-1}{0{,}1838} \cdot L + \frac{-36{,}381}{-0{,}1838}$
  Dus $a = \frac{-1}{0{,}1838} = -5{,}44...$; afgerond $-5{,}4$ en $b = \frac{36{,}381}{0{,}1838} = 197{,}93...$; afgerond 197,9.

formule opstellen

uit een grafiek

In de grafiek is het verband getekend tussen het jaar en het aantal woningen. In de periode 1962 – 1992 is het aantal woningen vrijwel lineair gestegen van 3 miljoen naar 6 miljoen. Daarbij hoort een formule $W = at + b$ met W is het aantal woningen in miljoenen en t het aantal jaren na 1962.

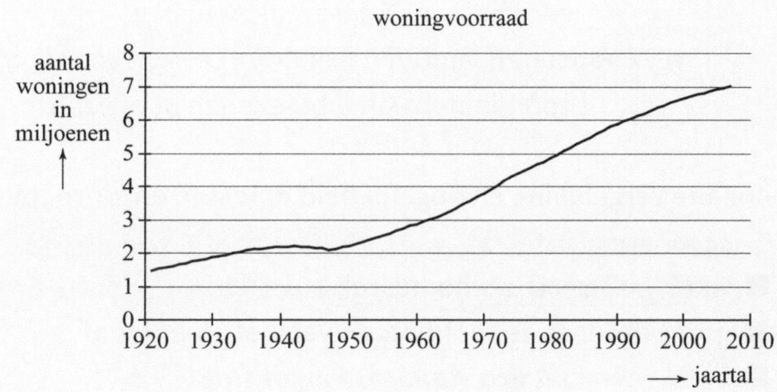

- *Bereken de waarde van a en b in deze formule.*
  De richtingscoëfficiënt $a = \frac{6-3}{30} = 0{,}1$. Bij de start is het aantal woningen 3 miljoen, dus $b = 3$.
  De formule luidt $W = 0{,}1t + 3$ met W in miljoenen en t in jaren, met $t = 0$ is 1962.

formule opstellen (vervolg)

- **uit een tekst** zoek de gegevens voor het opstellen van een formule van de vorm $y = ax + b$
- **uit een tabel**

  stappen
  - **1. kies twee getallenparen** (x_1, y_1) en (x_2, y_2)
  - **2. bereken het hellingsgetal** $a = \dfrac{y_2 - y_1}{x_2 - x_1}$
  - **3. bereken het startgetal** vul a en een getallenpaar (x_1, y_1) in $y = ax + b$ in
  - **4. schrijf formule op** vul a en b in $y = ax + b$ in

grafiek

- **tekenen en interpreteren**

  stappen
  - **1. kies twee getallenparen (x_1, y_1) en (x_2, y_2) die voldoen aan de formule**
  - **2. teken de bijbehorende punten in een assenstelsel**
  - **3. trek een rechte lijn door getekende punten**
  - **4. Gebruik de getekende grafiek om een antwoord te geven op de vraag**
- **lineair interpoleren en extrapoleren**

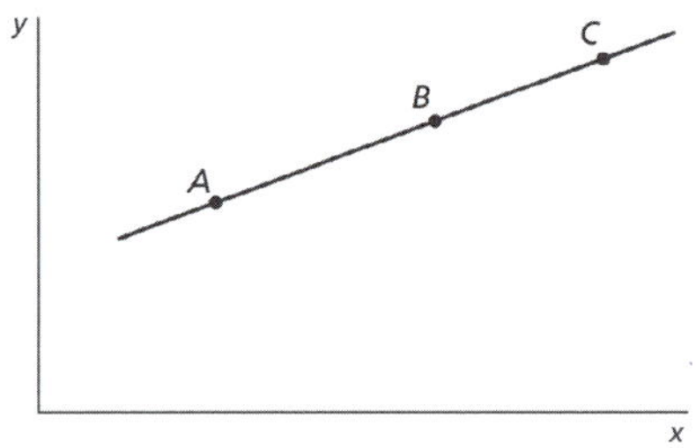

  - **interpoleren** tussen bekende gegevens; coördinaten van *A* en *C* zijn bekend, coördinaten van *B* berekenen of aflezen
  - **extrapoleren** buiten bekende gegevens; coördinaten van *A* en *B* zijn bekend, coördinaten van *C* berekenen of aflezen

lineaire vergelijking en ongelijkheid oplossen en/of snijpunten van twee lijnen berekenen

dit kan met

- **GRM (intersect)** zie hoofdstuk 10 of 11
- **grafieken** lees de coördinaten van het snijpunt af
- **berekenen met een standaard algoritme**

  stappen
  - **1. werk zoveel mogelijk de breuken weg** vermenigvuldig met een geschikt getal
  - **2. werk haakjes weg**
  - **3. breng de onbekende naar links** denk aan tekenverandering
  - **4. breng de getallen naar rechts** denk aan tekenverandering
  - **5. tel zoveel mogelijk bij elkaar op**
  - **6. deel door de coëfficiënt van de onbekende** denk eraan dat bij delen door een negatief getal in een ongelijkheid het ongelijkheidsteken omslaat
  - **7. rond het antwoord eventueel af** overeenkomstig de vraag

formule opstellen (vervolg)

uit een tekst

In 2007 lag het aandeel van duurzame energie op 2,8% van de totale energie. In 2009 nam dit aandeel toe van 3,4% naar 4%. Neem aan dat het aandeel duurzame energie de komende jaren op dezelfde manier toeneemt.

- *Stel een formule op voor het verband tussen aandeel duurzame energie A en de tijd t.*
  Per jaar is er een toename van 0,6%.
  Het verband is lineair met een standaard formule $A = at + b$
  Neem 2007 als $t = 0$. Dan is $a = 0{,}6$ en $b = 2{,}8$.
  De formule is dan: $A = 0{,}6t + 2{,}8$, met A in procenten en t in jaren en $t = 0$ hoort bij 2007.

grafiek

tekenen en interpreteren

Een bedrijf maakt verpakkingen. De grafiek van het verband tussen de totale kosten *TK* (= variabele kosten + vaste kosten) en het aantal geproduceerde verpakkingen q zie je in de figuur. De afdeling planning had van te voren een prognose opgesteld van de totale kosten TK_{prog}. De formule voor deze prognose is $TK_{prog} = 3250 + 3{,}35q$.
De grafiek van TK_{prog} gaat door (0, 3250) en (11 000, 40 100). Deze grafiek is erbij getekend.

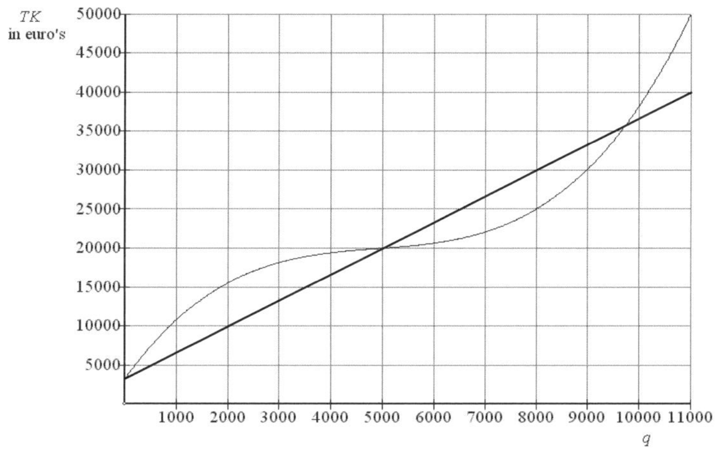

- *Bij welke aantallen geproduceerde verpakkingen liggen de totale kosten onder de prognose?*
  Je leest bij de snijpunten af $q = 0$, $q \approx 5000$ en $q \approx 9700$.
  Het juiste antwoord is dan: Bij een productieomvang tussen (ongeveer) 5000 en (ongeveer) 9700.

ongelijkheid

gebied bij een grafiek

Bij de getekende lijnen horen de aangegeven ongelijkheden.

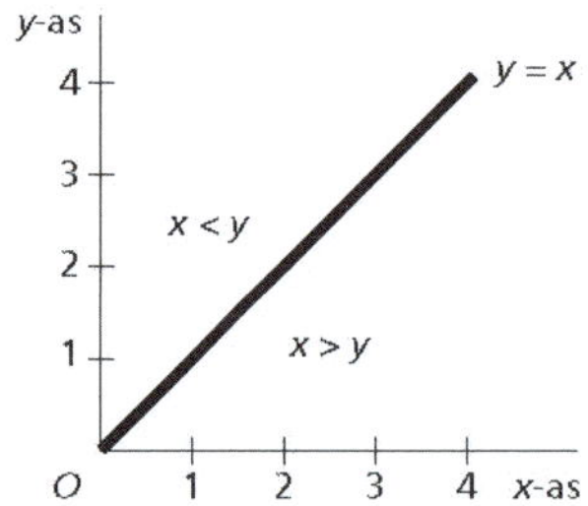

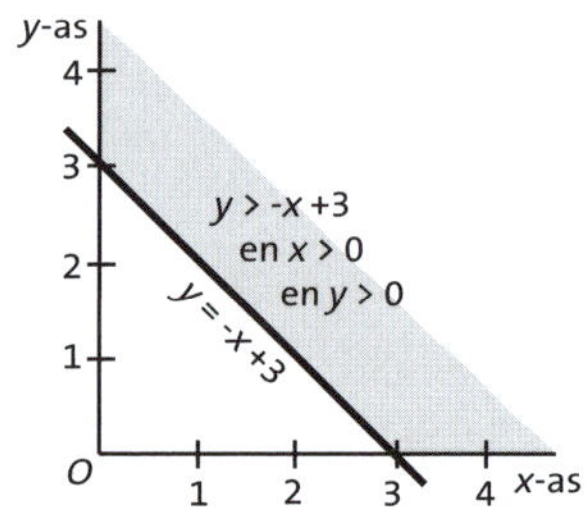

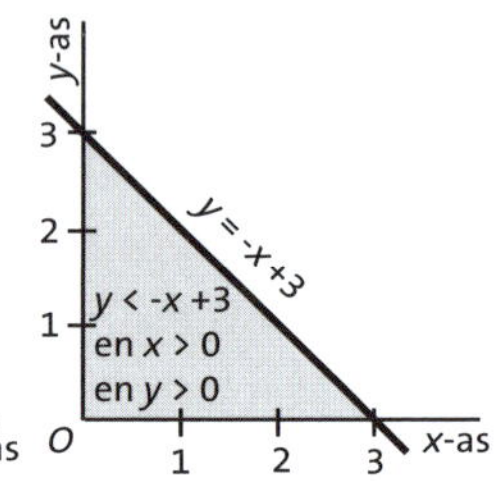

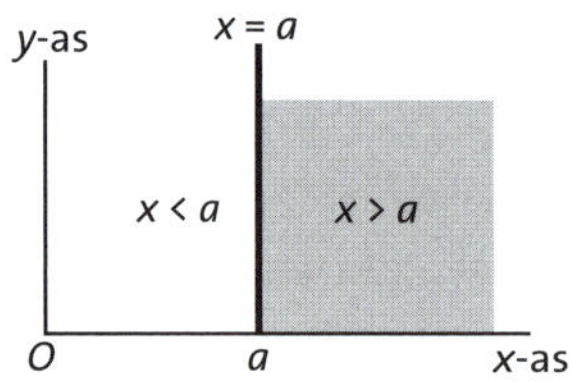

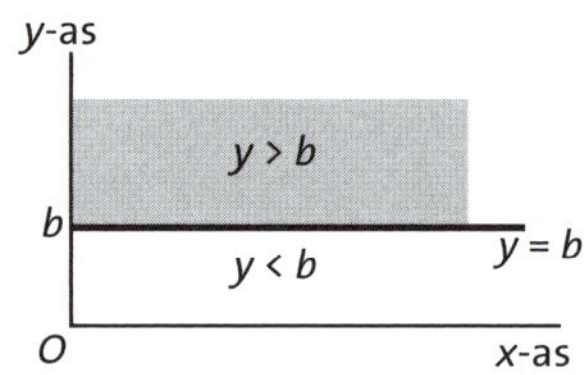

combineren van ongelijkheden

De grafieken van $y = 2x + 1$ en $y = -x + 3$ zijn getekend. In het grijze gebied gelden dan steeds de aangegeven ongelijkheden. Als controle kun je een coördinatenpaar invullen. Neem bijvoorbeeld (3, 2). Dit punt ligt in het grijze gebied en voldoet ook aan de ongelijkheden.

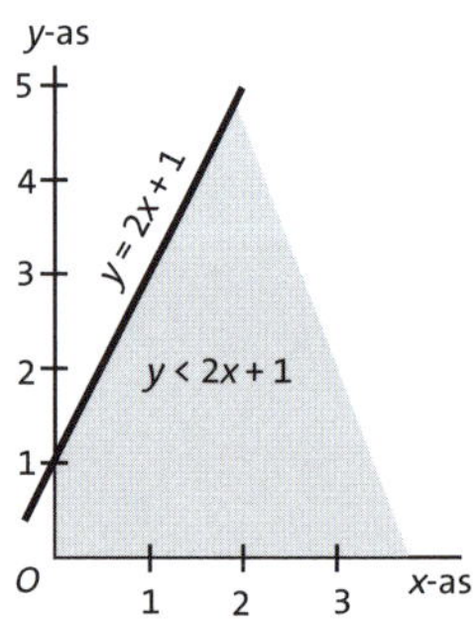

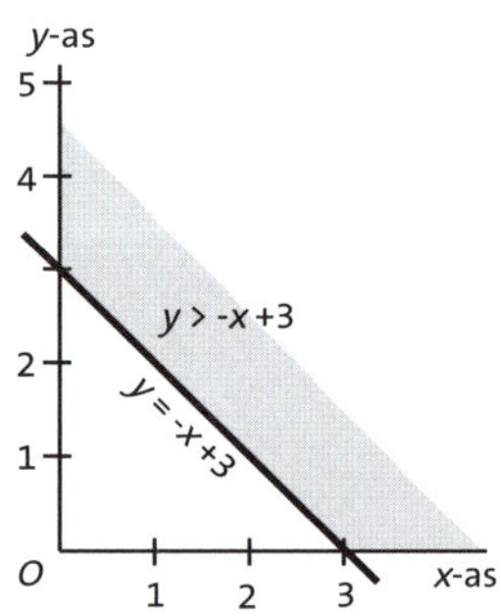

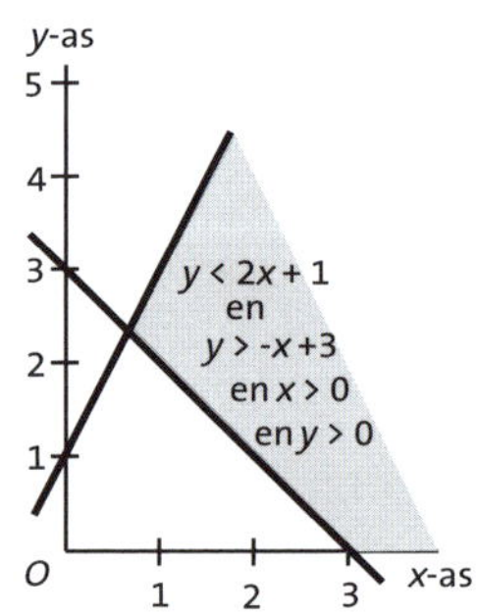

grafiek

lineair interpoleren en extrapoleren

De grafiek van een verband gaat door (10,50) en (15,80).

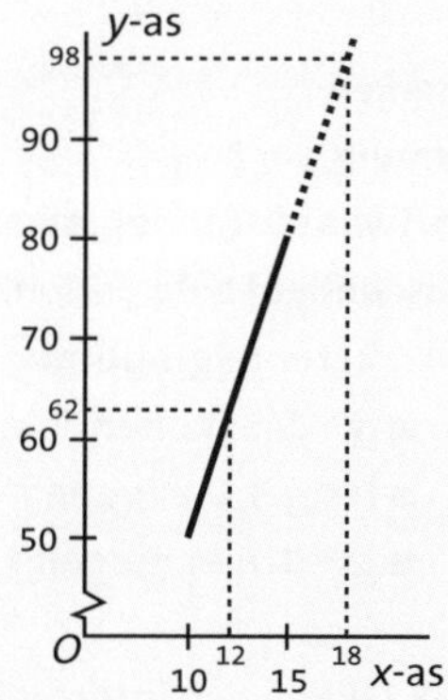

lineair interpoleren

- *Bereken de waarde van y die hoort bij $x = 12$*

  x neemt toe met $15 - 10 = 5$ en y neemt toe met $80 - 50 = 30$

  Per stap van x is 1 neemt y toe met $\frac{30}{5} = 6$

  De waarde van y bij $x = 12$ is dan $50 + 2 \times 6 = 62$

lineair extrapoleren

- *Bereken de waarde van y die hoort bij $x = 18$*

  De waarde van y bij $x = 18$ is dan $80 + 3 \times 6 = 98$

lineaire vergelijking en ongelijkheid oplossen

a *Bereken de coördinaten van het snijpunt van $y = 2x + 1$ en $y = -x + 3$*

b *Teken de grafieken van $y = 2x + 1$ en $y = -x + 3$ en lees de coördinaten van het snijpunt af.*

c *Voor welke x-waarden geldt $2x + 1 > -x + 3$*

a Stel y aan elkaar gelijk: $2x + 1 = -x + 3$

Dan is $3x = 2$, dus $x = \frac{2}{3}$ en $y = 2 \cdot \frac{2}{3} + 1 = 2\frac{1}{3}$

b De grafieken zijn rechte lijnen. Lees af: $x \approx 0{,}7$ en $y \approx 2{,}3$

c Vanaf $x = \frac{2}{3}$ ligt de grafiek van $y = 2x + 1$ boven die van $y = -x + 3$. Dus voor $x = \frac{2}{3}$ geldt $2x + 1 > -x + 3$

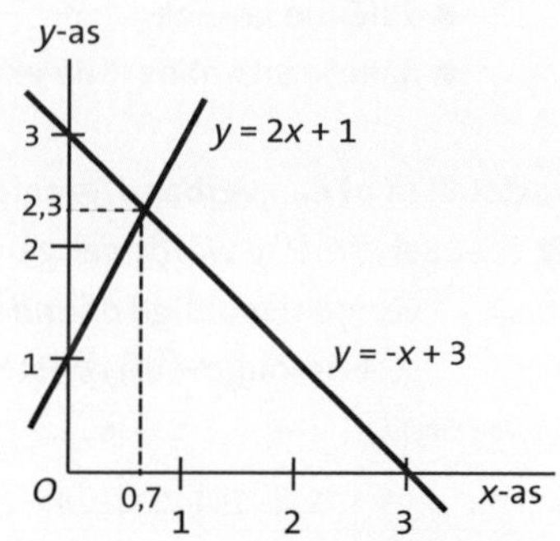

ongelijkheid als gebied

In een voorlichtingsfolder over de kwaliteit van vijverwater staan voorwaarden voor een goede kwaliteit van het water. Hierbij worden *KH* de hardheid, *pH* de zuurgraad en *C* het CO_2-gehalte gebruikt. De voorwaarden zijn met een figuur geïllustreerd. In het grijze gebied voldoen alle punten aan de volgende voorwaarden:

1. $6 \leq KH \leq 10$
2. $7 \leq pH \leq 7{,}6$
3. $C \geq 10$

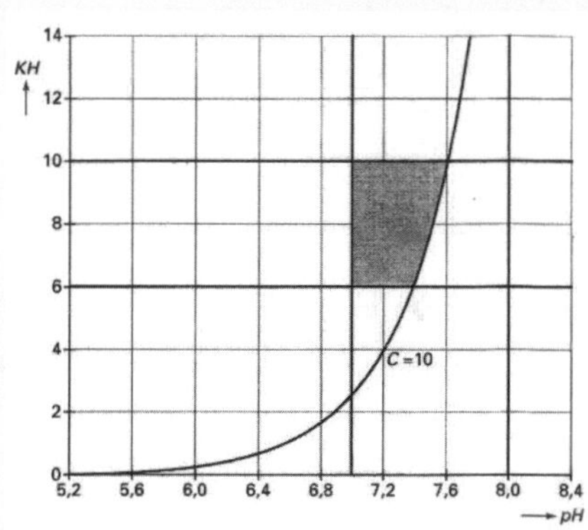

5 Exponentiële verbanden

kenmerken

- **formule** $y = b \cdot g^t$
- **startwaarde (of beginwaarde) *b*** invullen van $t = 0$ in de formule geeft het startgetal b
- **tijdseenheid *t*** de periode waarover de groei wordt bekeken
- **groeifactor of grondtal *g*** groeitoename van y als t één tijdstap toeneemt
  - **$g > 1$** exponentiële toename
  - **$0 < g < 1$** exponentiële afname
  - **$g < 0$** niet mogelijk

grafiek tekenen en interpreteren

- **$g > 1$**
  - **stijgende grafiek**
  - **naar links nadert de grafiek de *t*-as**
- **$0 < g < 1$**
  - **dalende grafiek**
  - **naar rechts nadert de grafiek de *t*-as**

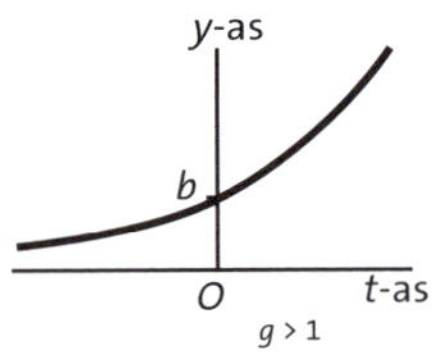

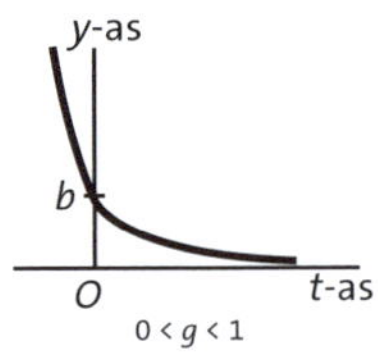

vaststellen of een verband/groeiproces exponentieel is

- **met een tabel** y wordt per gelijke tijdseenheid t met (ongeveer) hetzelfde getal vermenigvuldigd *of anders gezegd* de deling van een getal door zijn voorganger is steeds (ongeveer) constant

voorbeeld

x	0	1	2	3	4
y	20	32	44	69	103

$20 \cdot 1{,}6 \approx 32$; $32 \cdot 1{,}4 \approx 44$; $44 \cdot 1{,}6 \approx 69$; $69 \cdot 1{,}5 \approx 103$ *of* $\frac{32}{20} \approx \frac{44}{32} \approx \frac{69}{44} \approx \frac{103}{69} \approx 1{,}5$

Dus het verband is (ongeveer) exponentieel

- **met enkellogaritmisch grafiekenpapier** zie ook hoofdstuk 2

stappen

- **1. teken de grafiek van het verband op enkellogaritmisch grafiekenpapier**
- **2. ga na of de grafiek (nagenoeg) een rechte lijn is**
- **3. zo ja, dan is er sprake van een exponentieel verband**

voorbeeld

In de grafiek liggen de punten uit de tabel nagenoeg op een rechte lijn. Het verband is daarom exponentieel.

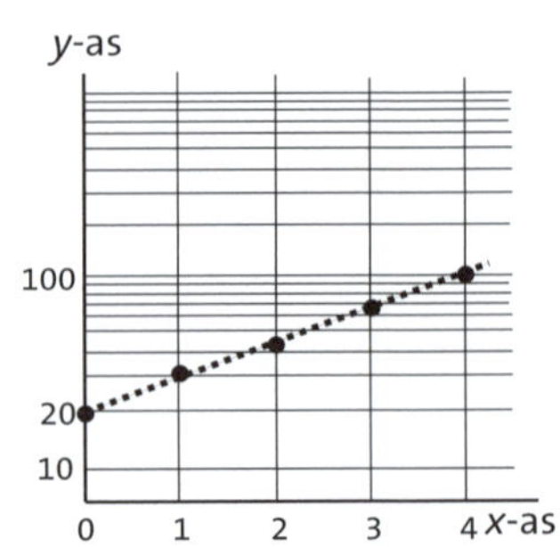

kenmerken

Tussen y en t bestaat het volgende exponentiële verband: $y = 100 \cdot (0{,}8)^t$

a Hoe groot is de beginwaarde?

b Hoe groot is de groeifactor?

c Van wat voor soort groei is hier sprake?

a De beginwaarde is 100.

b De groeifactor is 0,8.

c De groeifactor is 0,8. Er is een afname van 20% per tijdseenheid, dus afnemende exponentiële groei.

vaststellen of een verband/groeiproces exponentieel is
met een tabel

Het CO_2 gehalte van water wordt berekend uit de hardheid (*KH*) en de zuurgraad (*pH*). Voor *KH* = 5 staat hieronder een regel uit een omrekentabel voor het CO_2-gehalte bij verschillende *pH*-waarden.

pH	6,0	6,4	6,8	7,2	7,6	8,0
CO_2-gehalte *C* in mg per liter	200,0	79,6	31,7	12,6	5,0	2,0

- *Ga na of het verband tussen C en pH (bij benadering) exponentieel is.*
  De *pH*-waarden nemen steeds met een vaste waarde (0,4) toe.
  Deel de opvolgende getallen van *C* op elkaar:
  $\frac{79{,}6}{200{,}0} = 0{,}398$; $\frac{31{,}7}{79{,}6} = 0{,}401$; $\frac{12{,}6}{31{,}7} = 0{,}397$; $\frac{5{,}0}{12{,}6} = 0{,}396$; $\frac{2{,}0}{5{,}0} = 0{,}4$
  De uitkomsten van de delingen zijn bijna constant en ongeveer 0,4. Het verband is dus exponentieel.

met enkellogaritmisch grafiekenpapier

- *Ga met behulp van enkellogaritmisch grafiekenpapier na of het verband tussen C en pH in de tabel hierboven (bij benadering) exponentieel is.*
  Zet de punten op enkellogaritmisch grafiekenpapier. De punten liggen (nagenoeg) op een rechte lijn, dus het verband is exponentieel.

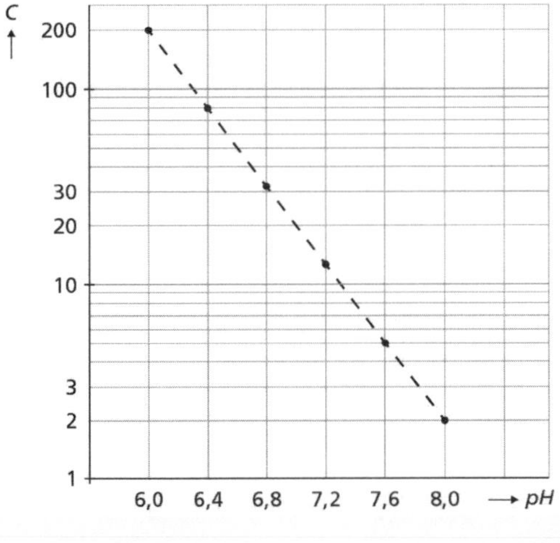

berekeningen uitvoeren

- **groeipercentage** als de groeifactor $g = \frac{k}{100}$ is, dan is het groeipercentage $(k - 100)\%$
  - **$g > 1$** als $g = 1{,}08 = \frac{108}{100}$ dan is het groeipercentage $108 - 100 = 8\%$; stijging van 8%
  - **$g < 1$** als $g = 0{,}97 = \frac{97}{100}$ dan is het groeipercentage $97 - 100 = -3\%$; daling van 3%
- **groeifactor g in een formule aanpassen als de tijdseenheid verandert**

  stappen
  - **1. tijdseenheid t wordt k keer groter of kleiner** k kan elk positief getal zijn
  - **2. groeifactor g wordt dan g^k**
  - **3. aangepaste formule wordt $y = b \cdot (g^k)^t$** vul g^k in op de plaats van g
    - **tijdseenheid wordt groter** $y = 4 \cdot 1{,}04^t$ met t in maanden. Per jaar is g dan $1{,}04^{12}$. De formule wordt $y = 4 \cdot (1{,}04^{12})^t = 4 \cdot (1{,}60...)^t$ met t in jaren.
    - **tijdseenheid wordt kleiner** $y = 4 \cdot 1{,}04^t$ met t in halve jaren. Per maand is g dan $1{,}04^{\frac{1}{6}}$. De formule wordt $y = 4 \cdot (1{,}04^{\frac{1}{6}})^t = 4 \cdot (1{,}006...)^t$ met t in maanden.
- **verdubbelingstijd** bij toenemende groei de tijd nodig om de hoeveelheid y te verdubbelen
  - **aflezen uit een grafiek**

    stappen
    - **1. kies een waarde y_1**
    - **2. neem een waarde y_2 met $y_2 = 2y_1$**
    - **3. lees de bijbehorende t-waarden af**
    - **4. bereken de verdubbelingstijd = grootste t – kleinste t**
  - **aflezen uit een tabel** indien mogelijk

    stappen
    - **1. kies twee waarden y_1 en y_2 met ongeveer $y_2 = 2y_1$**
    - **2. lees af (of schat of bereken) de bijbehorende t-waarden**
    - **3. bereken de verdubbelingstijd = grootste t – kleinste t**
  - **met een vergelijking** los op: $g^t = 2$ met de GRM (intersect)
- **halveringstijd** bij afnemende groei tijd nodig om de hoeveelheid y te halveren
  - **aflezen uit een grafiek**

    stappen
    - **1. kies een waarde y_1**
    - **2. neem een waarde y_2 met $y_2 = \frac{1}{2} y_1$**
    - **3. lees de bijbehorende t-waarden af**
    - **4. bereken de halveringstijd = grootste t – kleinste t**
  - **aflezen uit een tabel** indien mogelijk

    stappen
    - **1. kies twee waarden y_1 en y_2 met ongeveer $y_2 = \frac{1}{2} y_1$**
    - **2. lees af (of schat of bereken) de bijbehorende t-waarden**
    - **3. bereken de halveringstijd = grootste t – kleinste t**
  - **met een vergelijking** los op: $g^t = 0{,}5$ met de GRM (intersect)

berekeningen uitvoeren

groeipercentage en groeifactor g aanpassen

Uit een onderzoek naar de bloeitijd van paddenstoelen blijkt dat vanaf 1980 tot 2005 de lengte van de bloeitijd is toegenomen van 30 tot 83 dagen. Neem aan dat de lengte van de bloeiperiode over deze periode exponentieel is toegenomen.

- *Bereken het jaarlijkse groeipercentage vanaf 1980 in twee decimalen nauwkeurig.*

  Over de periode van 1980 tot 2005 was de groeifactor $\frac{83}{30}$.

  Dit was over een periode van 25 jaar.

  Per jaar is de groeifactor dan $\left(\frac{83}{30}\right)^{\frac{1}{25}}$ = 1,04154.... Dat wil zeggen een groeipercentage van 4,15% per jaar.

verdubbelingstijd uit een grafiek aflezen

Hiernaast is de grafiek getekend van het verband $y = 100 \cdot (1{,}1)^t$

- *Bepaal met behulp van de grafiek de verdubbelingstijd.*

  De verdubbelingstijd is ongeveer 7,2.

  (zie de toevoegingen in de grafiek)

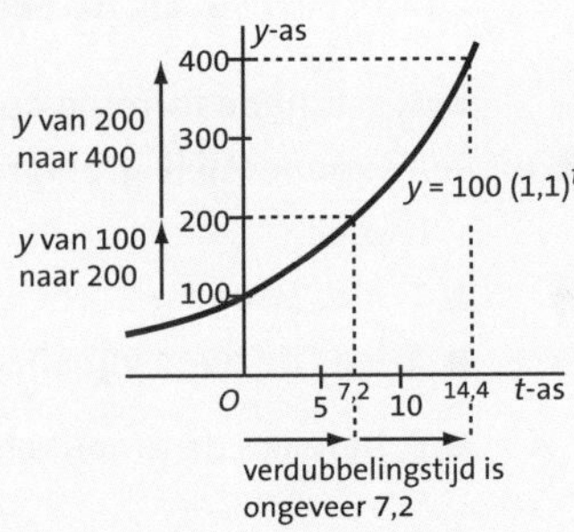

verdubbelingstijd uit een tabel aflezen

t	1	2	3	4
y	100	130	169	220

Neem y_1 = 100 en y_2 = 2 × 100 = 200. Deze y_2 ligt tussen 169 en 220. De bijbehorende *t*-waarde ligt tussen 3 en 4 en is ongeveer 3,6. De verdubbelingstijd is ongeveer 3,6 – 1 = 2,6.

(Je kunt ook eerst de formule opstellen, geeft $y = 77 \cdot (1{,}3)^t$, en daarmee de verdubbelingstijd bereken)

verdubbelingstijd met een vergelijking berekenen

In een vijver groeit de oppervlakte langzaam dicht met kroos. Elke dag neemt de bedekte oppervlakte toe met 5%. Op een bepaald moment is $\frac{1}{4}$ deel van de oppervlakte bedekt.

- *Bereken na hoeveel dagen de helft van de oppervlakte van de vijver bedekt is.*

  Noem de oppervlakte van de vijver *O*. De groeifactor van het kroos is 1,05.

  Los nu op $(1{,}05)^t$ = 2 met de GRM

  Na 14 dagen is de hoeveelheid kroos verdubbeld.

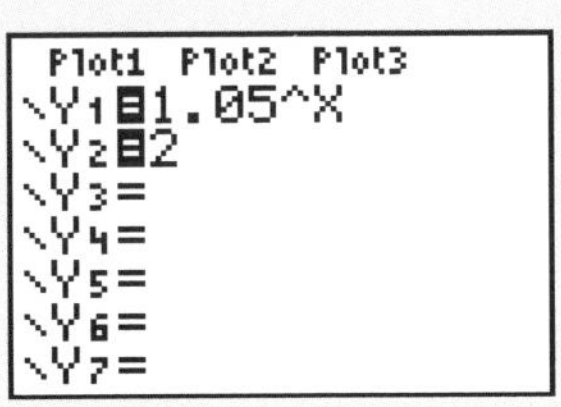

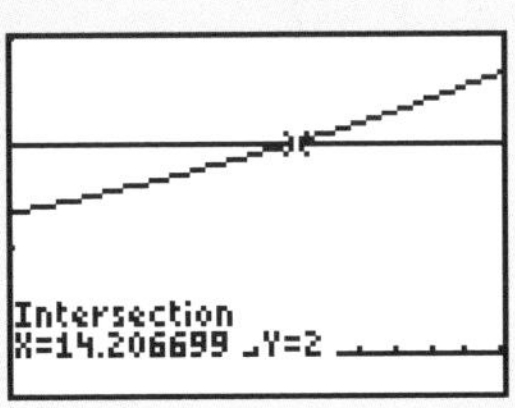

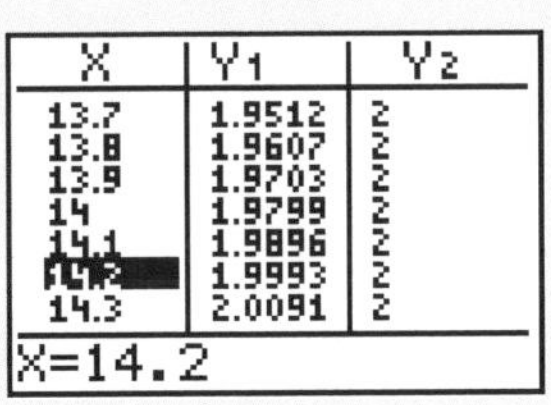

formule opstellen

- **uit een tabel**

  stappen

  - **1. bepaal de beginwaarde b** de waarde van b op $t = 0$
  - **2. bepaal de groeifactor g**
    - **t klopt met de tijdseenheid**
      - **3a. kies twee opvolgende getallen y_1 en y_2**
      - **4a. groeifactor $g = \frac{y_2}{y_1}$**
    - **t klopt niet met de tijdseenheid**
      - **3b. kies twee getallen y_1 en y_2**
      - **4b. bereken $\frac{y_2}{y_1}$ en pas deze (groei)factor aan naar de juiste tijdseenheid**
  - **5. schrijf de formule op** vul g en b in $y = b \cdot g^t$ in
- **uit een exponentiële groeigrafiek**

  stappen

  - **1. kies twee t-waarden t_1 en t_2 met $t_2 > t_1$ en $t_2 - t_1 = 1$**
  - **2. lees de twee bijbehorende y-waarden y_1 en y_2 af**
  - **3. bereken de groeifactor $g = \frac{y_2}{y_1}$**
  - **4. lees de beginwaarde b af bij $t = 0$ of reken terug naar $t = 0$**
  - **5. schrijf de formule op** vul b en g in $y = b \cdot g^t$ in
- **uit een tekst** zoek in de tekst naar gegevens voor de beginwaarde en de groeifactor

formule opstellen

uit een tabel

Tussen y en t bestaat het volgende exponentiële verband.

t	0	1	2	3	4
y	50	65	84,5	109,9	142,8

- *Stel een formule op van het verband tussen y en t. De tijdseenheid is 1 stap.*

  De groeifactor $g = \frac{65}{50} = 1{,}3$. De startwaarde $b = 50$. Dus de formule is $y = 50 \cdot (1{,}3)^t$

- *Stel de bijbehorende formule op van het verband tussen y en t als de tijdseenheid twee keer zo lang is.*

  g was 1,3. Tijdseenheid twee keer zo lang wil zeggen dat $g_{nieuw} = (g_{oud})^2 = (1{,}3)^2 = 1{,}69$.
  De formule wordt dan $y = 50 \cdot 1{,}69^t$. Dit kun je ook gelijk uit de tabel berekenen met bijvoorbeeld $\frac{84{,}5}{50} = 1{,}69$.

- *Stel de bijbehorende formule op van het verband tussen y en t als de tijdseenheid de helft zo lang is.*

  g was 1,3. Tijdseenheid de helft zo lang wil zeggen dat $g_{nieuw} = (g_{oud})^{\frac{1}{2}} = (1{,}3)^{\frac{1}{2}} = 1{,}14$.
  De formule wordt dan $y = 50 \cdot 1{,}14^t$. Dit kun je niet direct uit de tabel berekenen.

uit een exponentiële groeigrafiek

Gegeven is een grafiek van een exponentiële functie.

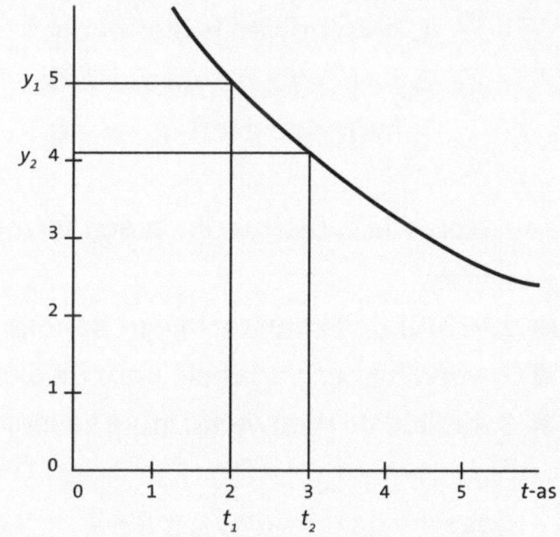

- *Stel de bijbehorende formule op van het verband tussen y en t. De tijdseenheid is 1 stap.*

  Neem bijvoorbeeld $t_1 = 2$ en $t_2 = 3$. Bij t_1 lees je af $y_1 = 5$. Bij t_2 lees je af $y_2 = 4{,}1$.
  De groeifactor g is dan $\frac{4{,}1}{5} = 0{,}82$.
  De beginwaarde b is in de grafiek niet af te lezen.
  De beginwaarde b hoort bij $t = 0$.
  Bij $t = 2$ hoort $y = 5$. Je moet dus nog twee stappen terug. Deel daarom 5 door $(0{,}82)^2$.
  Dit geeft $b = \frac{5}{0{,}82^2} = 7{,}4$. De formule van het exponentiële verband is dan $y = 7{,}4 \cdot (0{,}82)^t$.

uit een tekst

Merijn heeft op 2 januari 2015 een bedrag van 3000 euro op een depositorekening gezet met een looptijd van 10 jaar. De rente die vergoedt wordt, is 1,35% per jaar gedurende 10 jaar vast.

- *Stel de bijbehorende formule op van het verband tussen bedrag en t.*

  Er is sprake van exponentiële groei. Elk jaar neemt het bedrag toe met een groeifactor van 1,0135. Het beginbedrag is 3000 euro. De formule is dan $bedrag = 3000 \cdot (1{,}0135)^t$.

6 Formules met één of meer variabelen

formules gebruiken

- **substitutie** een getal of formule in vullen voor een variabele

  voorbeeld

  substitutie van $x = 3$ in $y = x^2 + 3x - 5$ geeft $y = 3^2 + 3 \cdot 3 - 5 = 9 + 6 - 5 = 10$
- **formule wijzigen** informatie uit een tekst gebruiken
- **formule wijzigen** overgaan op een andere eenheid

  voorbeeld

  Gegeven de formule $y = 500\,000x$ met x in cm en een uitkomst van y ook in cm. Als we bij dezelfde x in cm de uitkomst van y in km willen hebben dan wordt de formule $y = 5x$, immers 1 km = 100 000 cm.
- **een formule opstellen vanuit andere formules** combineren van meerdere formules

  stappen

  - **1. schrijf de formules in een handige vorm**
  - **2. breng de gevraagde verandering aan**
  - **3. herleid de nieuwe formule zoveel mogelijk**

  voorbeeld

  Gegeven de volgende drie formules $f_1 \cdot d_1 = 4{,}5$ en $f_2 \cdot d_2 = 4{,}5$ en $f_2 = 3 \cdot f_1$.

  Geef een formule voor het verband tussen d_2 en d_1

  1. herschrijven is niet nodig

  2. $f_1 \cdot d_1 = f_2 \cdot d_2$. Vul de derde formule in. Dat geeft $f_1 \cdot d_1 = 3 \cdot f_1 \cdot d_2$

  3. herleiden geeft $d_1 = 3 \cdot d_2$

een expressie substitueren in een formule

stappen

- **1. schrijf de expressie in een handige vorm**
- **2. vervang een variabele door de expressie**
- **3. herleid de nieuwe formule zoveel mogelijk**

voorbeeld

Gegeven de formules $A = B + 4C + 8$ en $B = 2C + 9$. Druk A uit in C. Dit betekent vervang in de eerste formule uitdrukking B door de uitdrukking B van de tweede formule. De nieuwe formule wordt $A = (2C + 9) + 4C + 8$. Na herleiden geeft dit $A = 6C + 17$.

met substitutie een waarde berekenen

Om na te gaan of iemand te mager of te dik is, wordt de Quetelet-index Q gebruikt.

De formule hiervoor luidt $Q=\frac{g}{l^2}$; g is het lichaamsgewicht in kg, l de lichaamslengte in m.

- *Bereken de Quetelet-index voor iemand die 185 cm lang is en 75 kg weegt.*

  Invullen geeft $Q = \frac{75}{1{,}85^2} \approx 21{,}9$

formule wijzigen door informatie in een tekst te gebruiken

Een architect heeft voor de kosten van de aanleg van een terras de volgende formule opgesteld: $K = 300w^2 + 175wk + 75k^2$, w en k zijn afmetingen van de gebruikte tegels. Door een andere afspraak met de opdrachtgever wordt nu k de helft van w.

- *Geef een formule voor K uitgedrukt in w en vereenvoudig de formule zo ver mogelijk.*

  Vervang in de formule k door $\frac{1}{2}w$.

  $K = 300w^2 + 175w \cdot \frac{1}{2}w + 75 \cdot (\frac{1}{2}w)^2 = 300w^2 + 87{,}5w^2 + 18{,}75w^2 = 406{,}25w^2$

formule wijzigen door over te gaan op een andere eenheid

De inhoud van een balk is gegeven als *inhoud* = $l \cdot b \cdot h$; met lengte l, breedte b en hoogte h in m.

- *Verander de formule voor de inhoud van de balk zo, dat de inhoud van de balk in kubieke centimeters wordt berekend.*

  Omdat 1 m = 100 cm moet elke lengte vervangen worden door 100 × de oude afmeting.

  De inhoudsformule wordt dan

  $I = (100l) \cdot (100b) \cdot (100h)$, dus $I = 1000\,000 \cdot l \cdot b \cdot h$, met nog steeds l, b en h in meters.

  De uitkomst van de inhoud van de balk wordt nu in kubieke centimeters berekend.

een formule opstellen vanuit andere formules

Gegeven de volgende twee formules:

$R_{gemiddeld} = 178 + 1{,}2 \cdot (l - 30)$ en $R_{95} = R_{gemiddeld} + 14 + 0{,}5 \cdot (l - 30)$

- *Herschrijf R_{95} tot een zo eenvoudig mogelijke vorm in l.*

  $R_{95} = 178 + 1{,}2 \cdot (l - 30) + 14 + 0{,}5 \cdot (l - 30) = 192 + 1{,}7 \cdot (l - 30) =$

  $192 + 1{,}7 \cdot l - 1{,}7 \cdot 30 = 1{,}7 \cdot l + 192 - 51 = 1{,}7 \cdot l + 141$

een expressie substitueren in een formule

Een formule voor de ideale lichaamslengte is: $G = 100L - 110$

Een formule voor de Body Mass Index is: $BMI = \frac{1}{L^2} \cdot G$

- *Geef een formule voor de BMI uitgedrukt in L en schrijf de formule als één breuk.*

  Invullen van G uit de eerste formule in de tweede formule geeft:

  $BMI = \frac{1}{L^2} \cdot (100L - 110) = \frac{100L - 110}{L^2}$

7 Statistiek

steekproef een onderzoek onder een deel van een populatie

wat speelt een rol

- **de populatie** over welke welomschreven groep gaat het onderzoek
- **waar gaat het om** wat wordt onderzocht
- **onderzoek je een proportie** of een meetbare grootheid
  - **proportie** tellen of de onderzochte eigenschap wel of niet aanwezig is; het gaat dan om een percentage of een (decimaal) breuk.
  - **meetbare grootheid** wegen of meten
- **welke informatie is al beschikbaar** kan dit gebruikt worden

voorwaarden

- **aselect** elk element van een populatie heeft evenveel kans om in de steekproef terecht te komen
- **representatief** de steekproef moet een goede weergave zijn van de populatie
- **voldoende groot** een (te) kleine steekproef geeft een te grote kans op fouten, dus op uitkomsten die niet overeenkomen met de werkelijkheid

variabele grootheid die je kunt onderzoeken

we onderscheiden de volgende soorten variabelen

- **kwalitatief** de uitkomst hoort bij een hoe of waarom vraag
- **kwantitatief** de uitkomst is een getal
  - **discreet** variabelen waarvan sommige tussenliggende waarden niet mogelijk zijn
  - **continu** variabelen waarvan alle tussenliggende waarden mogelijk zijn

meetniveaus variabelen kun je op verschillende niveaus meten

- **nominaal** het onderscheid tussen de categoriën is van belang.
- **ordinaal** naast het onderscheid in categoriën is ook de volgorde van belang
- **interval** alle bovenstaande eigenschappen en de verschillen gelijk
- **ratio** alle bovenstaande eigenschappen en een natuurlijk nulpunt

simulatie nabootsen van een experiment

hierbij kan gebruik worden gemaakt van

- **kaartspelen**
- **roulette**
- **vaas met knikkers**
- **dobbelstenen**
- **toevalsgetallen** getallen waarvan de cijfers in een willekeurige volgorde staan; te vinden in een tabellenboek of te simuleren met een grafische rekenmachine

steekproef

wat speelt een rol

Bij een onderzoek onder huishoudens is één van de vragen hoe groot het percentage huishoudens is dat een wasdroger bezit.
De populatie is hier de huishoudens.
Het gaat om proporties, want het gaat om percentages. Je hebt een wasdroger of je hebt geen wasdroger.

voorwaarden

Voor een onderzoek naar slaapgedrag kon je vrijwillig op internet een vragenlijst invullen. Hierop hebben honderdduizenden mensen hun slaapgegevens vermeld.
Deze steekproef is niet aselect, want niet iedereen heeft evenveel kans om in de steekproef te komen.
Deze steekproef is niet representatief, want dat er veel mensen aan mee doen, hoeft nog niet te betekenen dat het een juiste afspiegeling is van de populatie

variabelen

kwalitatief bijvoorbeeld interviews of observaties.
kwantitatief bijvoorbeeld aantallen of tijdsduur; je kunt er berekeningen mee maken.
discreet bijvoorbeeld een aantal griepgevallen of een aantal gelezen boeken
continu bijvoorbeeld lengte of gewicht

meetniveaus

nominaal bijvoorbeeld geboorteplaats of geslacht
ordinaal bijvoorbeeld het aantal sterren voor een restaurant
interval bijvoorbeeld je geboortejaar
ratio bijvoorbeeld het aantal broers en zussen dat je hebt

simulatie

toevalsgetallen gebruiken

In een bedrijf werken 400 personeelsleden.

- *Beschrijf hoe met behulp van toevalsgetallen een aselecte steekproef van 10 personeelsleden kan worden getrokken.*

  Nummer de personeelsleden willekeurig van 1 tot en met 400. Maak met een rekenmachine via 'randint' een rij van 10 toevalsgetallen tussen 0 en 401. De tien personeelsleden met de overeenkomstige nummers maken deel uit van de steekproef.
  De rij toevalsgetallen begint in dit scherm met ***82***, ***395***, ***291***, ***121***, enz.

```
randInt(0,401,10
)
{82 395 291 121…
```

centrum- en spreidingsmaten

- **centrummaat** geeft informatie over de ligging van de waarnemingsgetallen van een populatie of steekproef
  - **gemiddelde m of μ** som van alle waarnemingsgetallen gedeeld door het totale aantal; *m* wordt vaak bij steekproef gebruikt en μ wordt bij de hele populatie gebruikt
  - **modus** het waarnemingsgetal dat het meeste keren voorkomt

  zet voor de mediaan en de kwartielen eerst alle getallen op volgorde van grootte
  - **mediaan**
    - **het middelste waarnemingsgetal** bij oneven aantal waarnemingsgetallen
    - **het gemiddelde van de twee middelste waarnemingsgetallen** bij even aantal waarnemingsgetallen
  - **eerste kwartiel Q_1** de mediaan van de linkerhelft van de waarnemingsgetallen; 25% van de getallen ligt links
  - **derde kwartiel Q_3** de mediaan van de rechterhelft van de waarnemingsgetallen; 25% van de getallen ligt rechts
- **spreidingsmaat** geeft aan hoever waarnemingsgetallen uit elkaar liggen
  - **spreidingsbreedte** verschil tussen grootste en kleinste waarnemingsgetal
  - **kwartielafstand** verschil tussen eerste en derde kwartiel
  - **standaardafwijking *s* of σ** spreidingsmaat gebaseerd op de afwijkingen van het gemiddelde; *s* wordt bij een steekproef gebruikt en σ wordt bij de hele populatie gebruikt
    - **berekenen met de GRM** zie hoofdstuk 10 of 11
    - **berekenen met een rekenschema** zie bijlage 2
- **klassen** verdeling van waarnemingen in groepen

  begrippen
  - **klassengrens** getal dat begin of einde van een klasse aangeeft
  - **a-<b of [a,b⟩** notatie waarbij *a* wel tot de klasse en *b* niet tot de klasse hoort
  - **klassenmidden** getal dat in het midden van de klassengrenzen ligt
  - **klassenbreedte** afstand tussen de klassengrenzen
  - **modale klasse** klasse met de grootste frequentie

veranderen van data

- **bij alle getallen een vast getal optellen of aftrekken**

  gevolg
  - **gemiddelde en mediaan veranderen** deze centrummaten nemen toe of af met hetzelfde vaste getal
  - **spreidingsmaat en standaardafwijking veranderen niet** de onderlinge ligging van de getallen blijft gelijk
- **weghalen of toevoegen van getallen**

  gevolg
  - **centrummaat verandert** hangt af van de verandering in de getallen
  - **spreidingsmaat verandert** hangt af van de verandering in de getallen

centrummaat en spreidingsmaten

Gegeven 21 getallen: 2, 4, 5, 5, 7, 8, 9, 9, 9, 11, 13, 15, 17, 17, 17, 17, 19, 21, 23, 24, 24
Voor deze getallen zijn de volgende centrummaten en spreidingsmaten te berekenen:
gemiddelde: 276 : 21 = 13,1... (alle getallen optellen en door het aantal delen)
modus: 17 (komt het meeste voor, n.l. vier keer)
mediaan: 13 (de getallen staan op volgorde; er zijn 21 getallen, de mediaan is het 11^e getal)
1^e kwartiel: 7,5 (links van de mediaan staan 10 getallen, dus het 1^e kwartiel is het gemiddelde van het 5^e en 6 getal, (7 + 8) : 2)
3^e kwartiel: 18 (rechts van de mediaan staan 10 getallen, dus het 3^e kwartiel is het gemiddelde van het 16^e en 17^e getal, (17 + 19) : 2)
spreidingsbreedte: 22 (het verschil tussen het grootste en kleinste getal, 24 – 2)
kwartielafstand: 10,5 (het verschil tussen 1^e en 3^e kwartiel, 18 – 7,5)
standaardafwijking: 6,73... (berekenen met rekenschema of met de GRM)

klassen

In de figuur is de verdeling gegeven van de gemiddelde slaapduur over de Nederlandse bevolking.

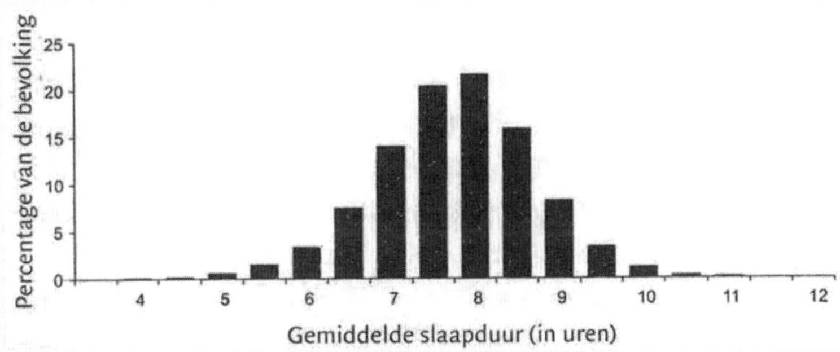

De klassengrens is van een kwartier voor en een kwartier na de aangegeven slaapduur, dus bijvoorbeeld 7 uur slaap loopt van 7 uur min een kwartier tot 7 plus een kwartier. Dit kun je bijvoorbeeld noteren als [6.45, 7.15]
De klassenmiddens zijn steeds de hele en halve uren; dus bijvoorbeeld 6 uur, 6,5 uur, 7 uur enz.
De klassenbreedte is steeds een half uur.
De modale klasse is de klasse met 8 uur slaap. Het bijbehorende percentage is ongeveer 23 %.

veranderen van data

Gegeven de getallen 2, 3, 5, 6, 9, 11. Het gemiddelde van deze getallen is 6. De mediaan is 5,5.
De spreidingsbreedte is 11 – 2 = 9. De standaardafwijking is $\sqrt{10} \approx 3{,}16$ (zie bijlage 2)
Tel bij alle getallen 3 op. Geeft 5, 6, 8, 9, 12, 14
Het gemiddelde wordt 9, dus 3 groter. De mediaan wordt 8,5, dus 3 groter.
De spreidingsbreedte blijft 9. De standaardafwijking blijft $\sqrt{10}$. Reken zelf na.
Verander de 11 in 23. Geeft 2, 3, 5, 6, 9, 23
De som van de getallen neemt toe met 23 – 11 = 12. Het gemiddelde wordt 12 : 6 = 2 groter; dus 8. De mediaan blijft 5,5. De spreidingsbreedte wordt 23 – 2 = 21. De standaardafwijking wordt $\sqrt{50} \approx 7{,}07$. Reken zelf na.

representatievormen hulpmiddelen om een onderzoeks- of steekproefresultaat mee te presenteren

- **dotplot** bolletjes met dezelfde eigenschap op elkaar gestapeld; de hoogte geeft het aantal waarnemingsgetallen

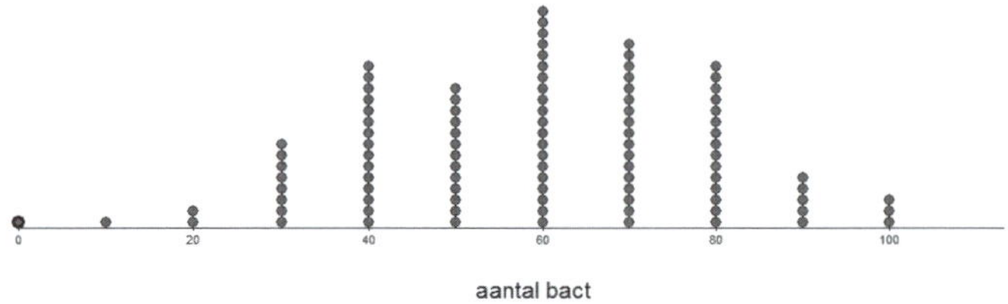

- **staafdiagram** de hoogte van de staven komt overeen met de bijbehorende frequentie

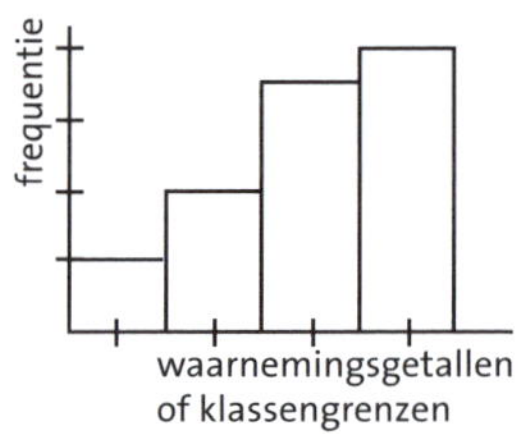

- **cirkeldiagram**
  - **middelpuntshoek** komt overeen met de bijbehorende frequentie of percentage
  - **cirkelsectoren** stukken waarin een cirkeldiagram wordt verdeeld
  - **hele cirkel is 100% of 360 graden**

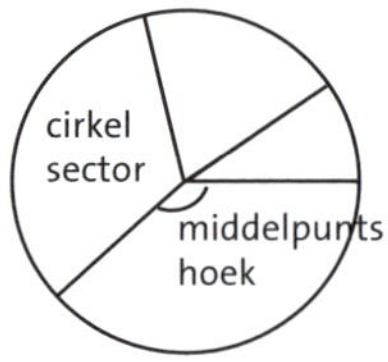

- **steel- en bladdiagram**

voorbeeld

steel- en bladdiagram voor de getallen 2, 3, 6, 12, 13, 18, 18, 23, 28, 31, 33, 37:

(steel) tientallen	(blad) eenheden
0	2 3 6
1	2 3 8 8
2	3 8
3	1 3 7

- **lijndiagram** grafiek van een lijn; waarnemingen geven de coördinaten
- **turftabel** tabel met waarnemingen en aantallen aangegeven met behulp van streepjes
- **frequentietabel** tabel met waarnemingen en bijbehorende frequenties
- **kruistabel** een tabel met een deelgroepverdeling vanuit twee eigenschappen
- **cumulatieve-frequentietabel** (**somfrequentie**) frequenties bij elkaar opgeteld
- **frequentiepolygoon** punten geven de hoogte van de frequenties aan. Teken de punten boven de klassenmiddens. Verbind de punten door rechte lijnstukjes.

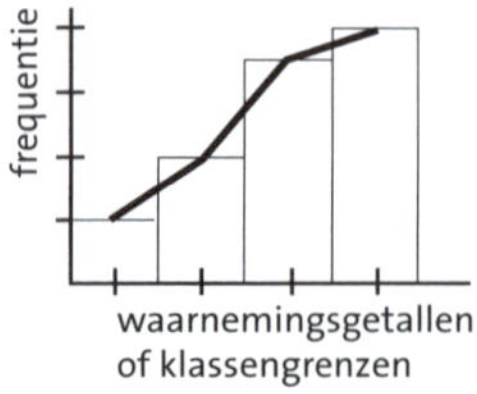

- **relatief frequentie polygoon** verticaal staat een percentage van 0% tot 100%
- **cumulatief frequentiepolygoon** grafiek van cumulatieve frequenties. Teken de punten boven de rechter klassengrenzen. Verbind de punten door rechte lijnstukjes

representatievormen

Het aantal uren zonneschijn per dag op Vlieland was gedurende de maand april:

2 8 6 3 10 8 10 8 7 3 10 12 7 9 7 5 9 11 4 12 9 4 8 6 5 12 8 5 9 4.

a Verwerk deze getallen in: een absolute frequentietabel, een relatieve frequentietabel, een procentuele relatieve frequentietabel en een procentuele cumulatieve frequentietabel.

b Verwerk deze getallen in een klassenindeling met een klassenbreedte van drie.

c Teken van de klassenindeling een staafdiagram en een frequentiepolygoon.

d Teken van de klassenindeling een cirkeldiagram.

a Hieronder zijn de verschillende tabellen samengevat.

uren zon	frequentie	relatieve frequentie	relatieve frequentie in %	cumulatieve frequentie in %
2	1	1/30	3,3	3,3
3	2	2/30	6,7	10,0
4	3	3/30	10,0	20,0
5	3	3/30	10,0	30,0
6	2	2/30	6,7	36,7
7	3	3/30	10,0	46,7
8	5	5/30	6,7	63,3
9	4	4/30	3,3	76,7
10	3	3/30	10,0	86,7
11	1	1/30	3,3	90,0
12	3	3/30	10,0	100,0
som	30	1	100,0	

b klassenindeling

klasse	frequentie
0 - <3	1
3 - <6	8
6 - <9	10
9 - <12	8
12 - <15	3

c staafdiagram en frequentiepolygoon

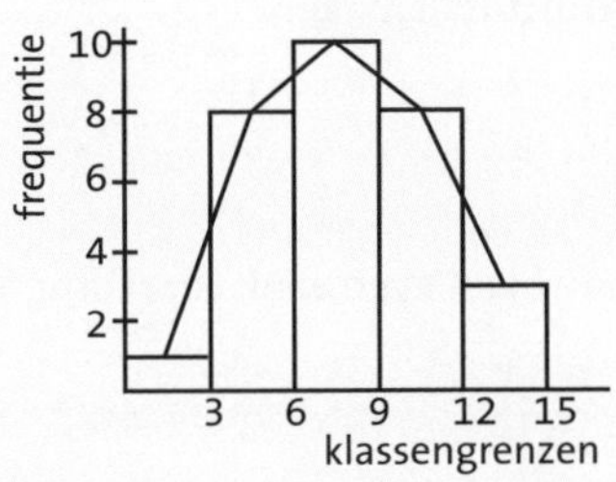

d cirkeldiagram

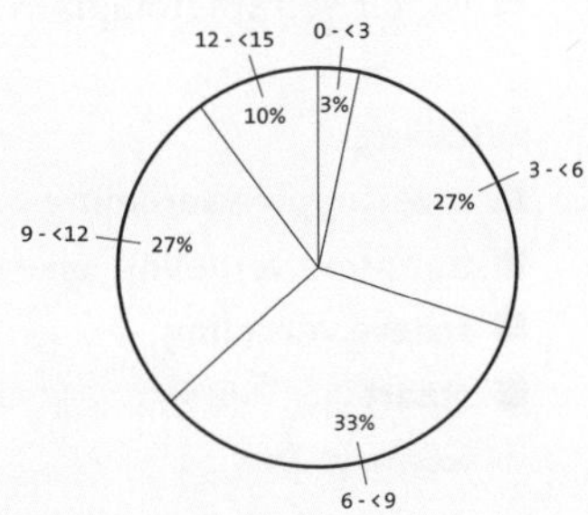

- **boxplot** grafische voorstelling van vijf karakteristieke gegevens: kleinste getal, eerste kwartiel Q_1, mediaan, derde kwartiel Q_3 en grootste getal

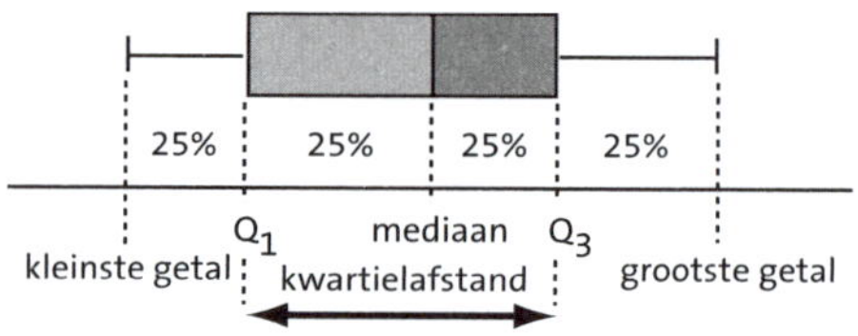

- **puntenwolk** gegevens van twee variabelen geplaatst als punten in een assenstelsel

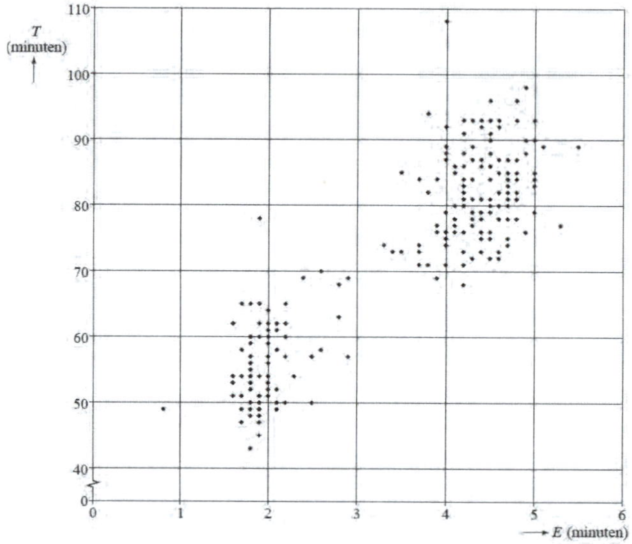

representatievorm veranderen uit een beschikbare representatievorm een andere maken

bijvoorbeeld

- **vanuit een puntenwolk een lijndiagram maken**
- **vanuit een staafdiagram een kruistabel maken**

verdeling

- **meertoppige verdeling**
- **uniforme verdeling** elke uitkomst kan even vaak voorkomen
- **scheve verdeling**
- **staart**

voorbeeld

In onderstaande grafiek zijn beide verdelingen ééntoppig en scheef met een staart naar rechts.

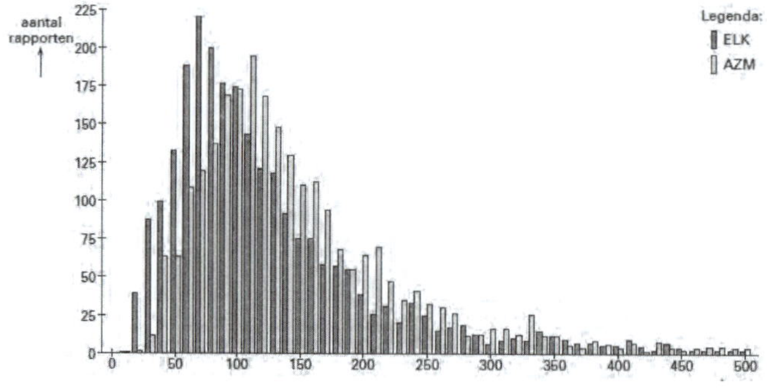

boxplot

In het staafdiagram staat de frequentie-verdeling van de jaartemperatuur over het tijdvak 1900-1989.

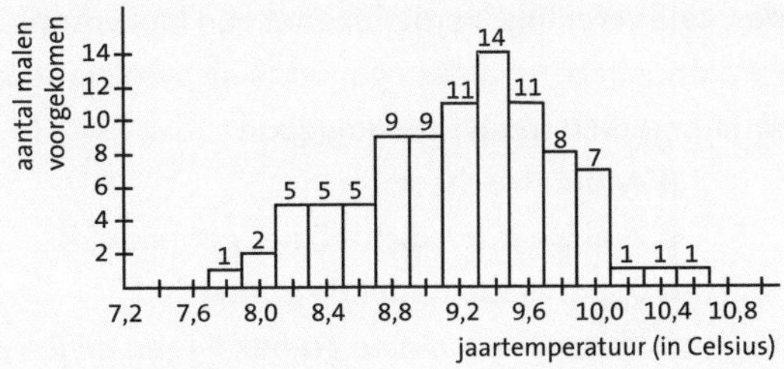

- *Teken de boxplot bij dit staafdiagram.*

  Het aantal waarnemingen is 90.

  De mediaan is het gemiddelde van de 45^e en 46^e waarneming en is ongeveer 9,3.

  Het eerste kwartiel ligt bij de 23^e waarneming en is ongeveer 8,8.

  Het derde kwartiel ligt bij de 68^e waarneming en is ongeveer 9,6.

  De kleinste waarneming is 7,7 en de grootste waarneming is 10,7.

  De boxplot wordt dan:

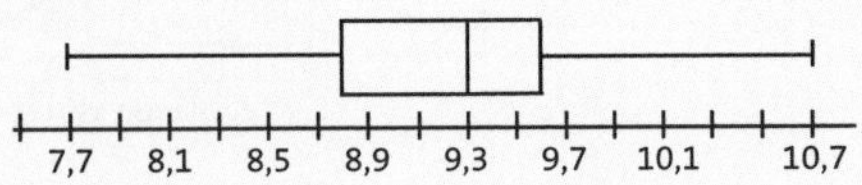

representatievorm veranderen

van puntenwolk naar lijndiagram

Vanuit de puntenwolk (zie linkerbladzijde) is een lijndiagram te schetsen van het verband tussen eruptieduur *E* en het aantal keren dat een eruptieduur voorkomt.

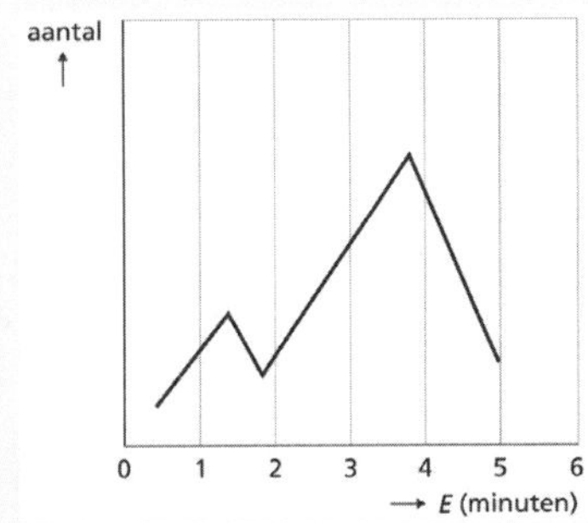

van staafdiagram naar kruistabel

Uit het 3D-staafdiagram worden de gegevens afgelezen voor de kruistabel.

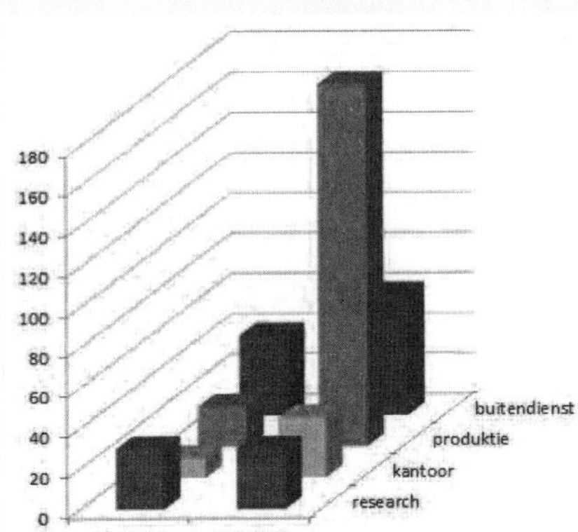

		geslacht		
		vrouw	man	totaal
afdeling	research	30	30	60
	kantoor	10	30	40
	productie	20	180	200
	buitendienst	40	60	100
	totaal	100	300	400

normale verdeling verdeling met een klokvormig frequentiepolygoon en vastgelegd door twee karakteristieke waarden: gemiddelde μ en standaardafwijking σ.

- **kenmerken frequentiepolygoon**
  - **symmetrische vorm**
  - **veel waarden dichtbij het gemiddelde**
  - **oppervlakte onder de grafiek is 1**
  - **buigpunten van de grafiek liggen bij $\mu - \sigma$ en $\mu + \sigma$**

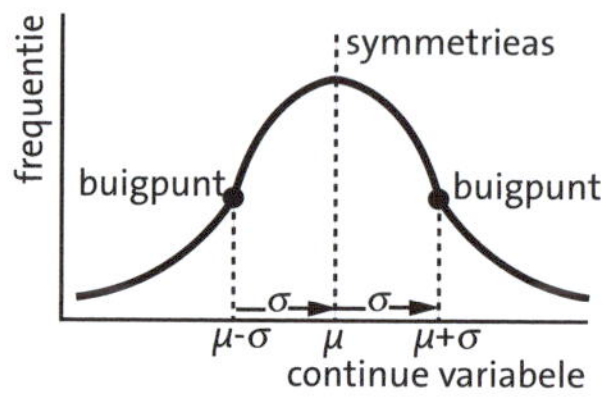

- **invloed van σ op frequentiepolygoon**
  - **kleine standaardafwijking σ** getallen liggen dicht om het gemiddelde μ
  - **grote standaardafwijking σ** getallen liggen verder weg om het gemiddelde μ
  - **een kleinere standaardafwijking geeft een kleinere spreiding**

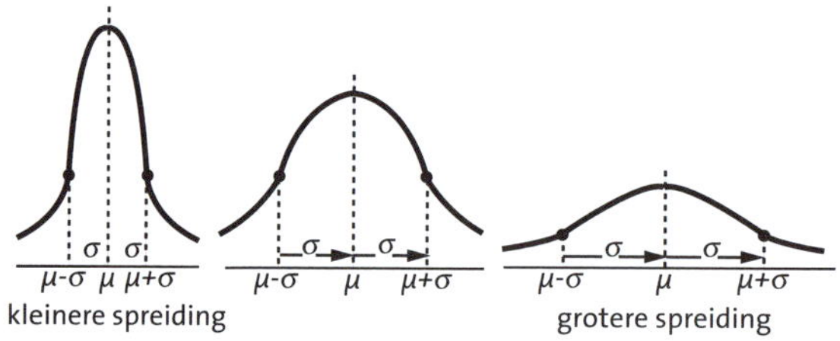

- **vuistregels**
  - **68% van data ligt tussen $\mu - \sigma$ en $\mu + \sigma$**
  - **95% van data ligt tussen $\mu - 2\sigma$ en $\mu + 2\sigma$**
  - **99% van data ligt tussen $\mu - 3\sigma$ en $\mu + 3\sigma$**
- **controleren of een variabele normaal verdeeld is.**
  - **is het frequentiepolygoon min of meer klokvormig?**
  - **bereken μ en σ en controleer de vuistregels**
- **bij voldoende grote steekproefomvang zijn een steekproef van een proportie en van een gemiddelde bij benadering normaal verdeeld**
- **betrouwbaarheidsinterval**
  - **betekenis** het interval waarbinnen je mag verwachten dat een vooraf gekozen percentage van de gemeten variabele uit de steekproef zal liggen; meestal wordt gekozen voor 90%, 95% of 99%
  - **berekening** om het betrouwbaarheidsinterval te bepalen, maak je gebruik van de vuistregels van de normale verdeling
  - **omvang steekproef berekenen** bij een gegeven of gewenste betrouwbaarheid de steekproefgrootte vaststellen

normale verdeling: controleren of een variabele normaal verdeeld is

uren zon	0 - <3	3 - <6	6 - <9	9 - <12	12 - <15
aantal dagen	1	8	10	8	3

In de tabel is een overzicht in klassen gegeven van het gemiddeld aantal uren zon per dag op Vlieland in de maand april:

- *Ga na of het aantal uren zon per dag bij benadering normaal verdeeld is.*
  Bekijk eerst het histogram en het frequentiepolygoon van het aantal uren zon per dag.
  Het frequentiepolygoon heeft een klokvorm.
  Controleer nu de vuistregels.
  Bereken m en s (gebruik de klassenmiddens).
  Dit geeft $m = 7,9$ en $s = 3,1$. Neem aan dat de aantallen uren zon gelijkmatig over elke klasse verdeeld zijn.

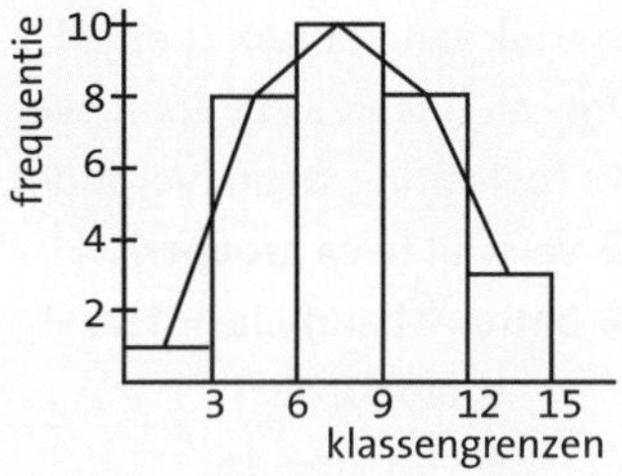

  Tussen $7,9 - 3,1 = 4,8$ en $7,9 + 3,1 = 11$ liggen dan ongeveer $3 + 10 + 5 = 18$ getallen, dit is 60%. De vuistregel van 68% klopt dan niet.
  Een normale verdeling mag niet zondermeer worden aangenomen.

normale verdeling: betrouwbaarheidsinterval

voorbeeld 1

In een steekproef van 100 is het gemiddelde 59.

- *Is dit ook het gemiddelde van de hele populatie?*
  Nee, want als de overige waarden in de populatie meegerekend worden dan kan het gemiddelde anders zijn. Vandaar dat je alleen een uitspraak kunt doen met een zekere slag om de arm (de betrouwbaarheid).

voorbeeld 2

Het 95% betrouwbaarheidsinterval voor het gemiddelde in een steekproef is [56, 64]

- *Wat betekent dit betrouwbaarheidsinterval?*
  Je kunt met 95% zekerheid verwachten dat het gemiddelde van de populatie ligt tussen 56 en 64

normale verdeling: steekproefgrootte

Priesters in de Katholieke Kerk mogen niet trouwen. Deze regel heet celibaat. Bij een peiling onder 135 priesters bleek dat 40% van het celibaat af wilde.

- *Hoe groot moet de steekproefgrootte n worden genomen zodat het 95%-betrouwbaarheidsinterval een breedte van hoogstens 0,12 zal hebben?*
  Je mag aannemen dat de verdeling van de proportie normaal verdeeld is. Bij 95% hoort $2s$.
  Het betrouwbaarheidsinterval is symmetrisch, dus $2s = 0,06$ ofwel s zal hoogstens $0,06 : 2 = 0,3$ mogen zijn.

  Volgens het formuleblad (zie bijlage 1) geldt dan $\sqrt{\frac{0,4 \cdot (1-0,4)}{n}} = 0,3$.

  Dat geeft $\frac{0,4 \cdot (1-0,4)}{n} = (0,3)^2$, dus $0,24 = 0,09n$

  Dan is $n = \frac{0,24}{0,09} = 26,66....$ Dus n moet minstens 27 zijn.

gebruik van statistiek

de onderdelen van statistiek moet je kunnen gebruiken bij vragen over

- **groepen vergelijken op een gegeven kenmerk**
- **verschil tussen groepen kwantificeren**
- **op basis van steekproefproportie of gemiddelde uitspraken doen over de populatie**
- **statistisch verband beschrijven**
- **conclusies uit statistisch onderzoek kritisch beoordelen**

gebruik van het formuleblad

Om een uitspraak te doen over twee groepen is vaak het formuleblad (zie bijlage 1) nodig.
Als toelichting staan hieronder drie voorbeelden van het gebruik.

- **verschil twee groepen**
- **betrouwbaarheidsinterval**
    - **proportie**
    - **gemiddelde**
- **effectgrootte**

Op de Universiteit van Leiden is een onderzoek gedaan onder een groep studenten. Hierbij werd onder andere de lichaamslengte, de kleur van de ogen en de voorkeurshand genoteerd. In totaal ging het om 34 mannelijke en 32 vrouwelijke studenten. Zie de tabel.

		voorkeurshand	
		links	rechts
geslacht	man	5	29
	vrouw	2	30

Bepaal met behulp van het formuleblad of het verschil in voorkeurshand tussen de mannelijke en de vrouwelijke studenten groot, middelmatig of gering is.
Het gaat over de grootte van het verschil van twee groepen. Gebruik de formule *phi*.
In de volgende tabel staan het gemiddelde en de standaardafwijking van de lichaamslengte van de studenten.

	aantal	lichaamslengte (cm)	
		gemiddelde	standaardafwijking
man	34	183,8	5,8
vrouw	32	170,8	8,1

Op basis van deze tabel kunnen voor de lichaamslengte van mannen en vrouwen 95%-betrouwbaarheidsintervallen worden opgesteld.
Onderzoek welke van deze betrouwbaarheidsintervallen het smalst is.
Het gaat hier om een gemiddelde. Gebruik je de formule voor het 95%-betrouwbaarheidsinterval van het populatiegemiddelde.
Iemand die iets wil zeggen over de grootte van het verschil in lichaamslengte tussen de mannen en vrouwen in het onderzoek, zou gebruik kunnen maken van de effectgrootte.
Bij de berekening van de effectgrootte zijn de gemiddeldes en standaardafwijking van beide groepen van belang. Ga ervan uit dat de gemiddeldes gelijk blijven.
Leg uit op welke wijze grotere standaardafwijkingen de grootte van het verschil (groot, middelmatig, gering) kunnen beïnvloeden.
Gebruik de formule van de effectgrootte E.

gebruik van statistiek

voorbeeld 1

In de figuur zie de verdeling van de gemiddelde slaapduur over de Nederlandse bevolking.

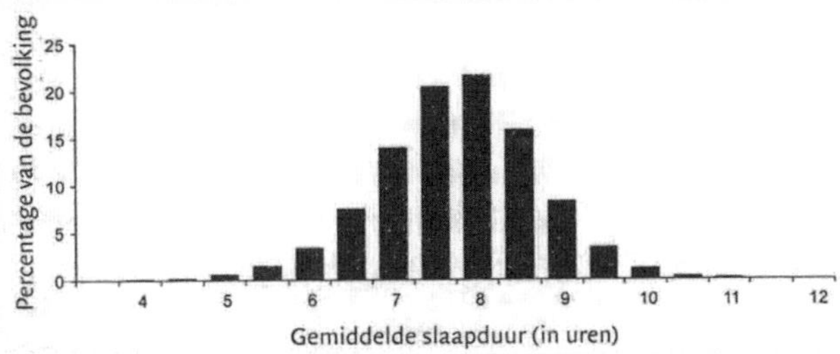

- *Slapen de mensen uit dit onderzoek gemiddeld langer of korter dan modaal?*
  De modale slaapduur is 8 uur (hoogste staaf). Er staan meer staven aan de linker kant dan aan de rechterkant van modaal en ze zijn ook hoger. Het gemiddelde is dus lager dan modaal. Ze slapen dus gemiddeld korter.

voorbeeld 2

Het risico om als toerist in een tropisch land besmet te worden met malaria is 6%. Een besmetting met malaria kan bij terugkomst worden aangetoond met een test. Bij deze test wordt van 77% van de besmette personen aangetoond dat zij inderdaad besmet zijn. Daarnaast is bij 95% van de niet-besmette personen de testuitslag negatief.

- *Zou je als toerist erg veel hebben aan deze test?*
  Ga uit van 1000 geteste personen. Een kruistabel van deze gegevens kan er als volgt uit zien.

		uitslag test		
		positief	negatief	totaal
besmet?	ja	46 (= 77%)	14	60 (= 6%)
	nee	47 (= 5%)	893	940
	totaal	93	907	1000

Uit de kruistabel is af te lezen dat van de positief geteste personen maar ongeveer 50% (46 van de 93) besmet is. Dat geeft dus niet veel zekerheid of je wel of niet besmet bent.

voorbeeld 3

Voor alle specialismen is in een aantal ziekenhuizen onderzoek gedaan naar de wachtlijsten. In het overzicht zie je hoe lang patiënten bij neurochirurgie en bij orthopedie moeten wachten op een behandeling. Beide afdelingen beweren dat ze het beter doen dan de andere afdeling.

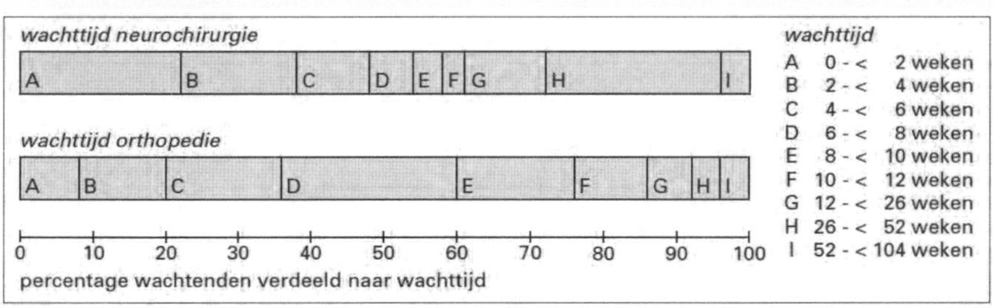

- *Noem voor elke afdeling een argument dat ze kunnen aanvoeren en onderbouw dit argument met gegevens uit het overzicht van de wachtlijsten.*
  Voor neurochirurgie: meer dan 20% van de mensen is binnen 2 weken geholpen; bij orthopedie is dat minder dan 10%.
  Voor orthopedie: minder dan 10% van de mensen moet langer dan een half jaar wachten; bij neurochirurgie is dat meer dan 25%.

8 Telproblemen*

visualiseren alle mogelijkheden overzichtelijk weergeven

- **boomdiagram** gebruiken voor telproblemen waarbij steeds gekozen kan worden uit meerdere mogelijkheden
  - **knoop** geeft een keuzemogelijkheid
  - **tak** geeft een voortzetting, aangegeven door een lijn
  - **rangschikking of volgorde** geeft een route van beginpunt tot eindpunt
- **rooster** kan worden gebruikt voor telproblemen waarbij steeds uit twee alternatieven gekozen moet worden; naar rechts of naar boven

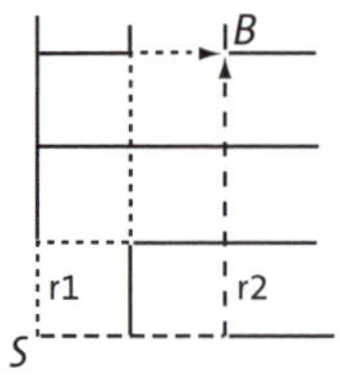

Twee routes r1 en r2 zijn getekend.

.... = r1

------ = r2

- **wegendiagram** gebruiken voor telproblemen met meerdere wegen en plaatsen

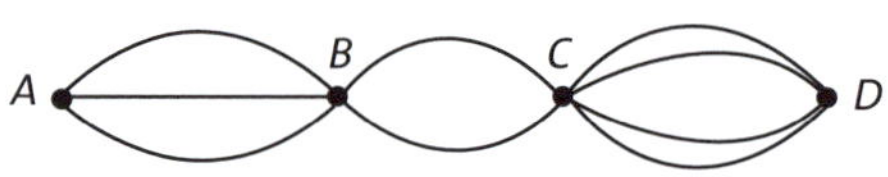

Het aantal verschillende wegen van A naar D is $3 \cdot 2 \cdot 4 = 24$

- **systematisch tellen** alle mogelijkheden uitschrijven

faculteit gebruiken bij bereken van aantal manieren om n dingen op volgorde te zetten

- **$n!$** notatie voor het aantal verschillende manieren om n dingen op volgorde te zetten
  - $n! = 1 \cdot 2 \cdot 3 \cdot 4 \cdot \ldots \cdot (n-1) \cdot n$
  - $0! = 1$
- **berekenen met de grafische rekenmachine** gebruik MATH PRB !

* Dit onderwerp is alleen bestemd voor het schoolexamen.

visualiseren

met een boomdiagram

voorbeeld 1

Gooi drie keer met een munt; uitkomsten zijn kop (*K*) of munt (*M*).

Het boomdiagram daarbij ziet er als volgt uit; elke uitkomst (*K* of *M)* doet steeds weer mee:

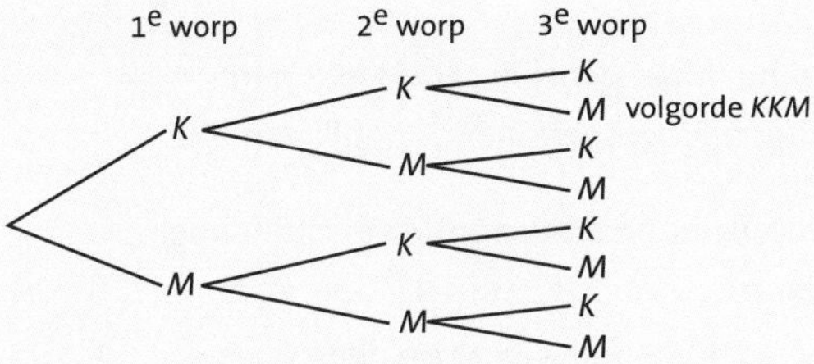

Het aantal verschillende volgordes is $2 \cdot 2 \cdot 2 = 2^3 = 8$.

voorbeeld 2

Een boomdiagram voor alle mogelijke volgordes van de letters *A*, *B* en *C*, waarbij elke letter maar één keer gebruikt mag worden ziet er als volgt uit:

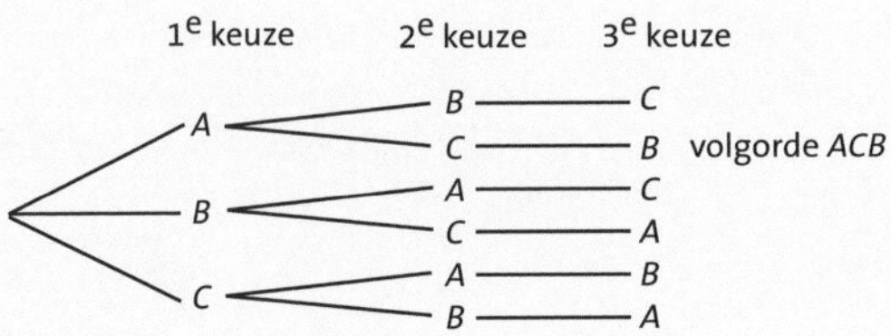

Het aantal verschillende volgordes is $3 \cdot 2 \cdot 1 = 6$.

met een wegendiagram

Het volgende kaartje geeft het wegennet tussen de dorpen *A*, B, *C* en *D*.

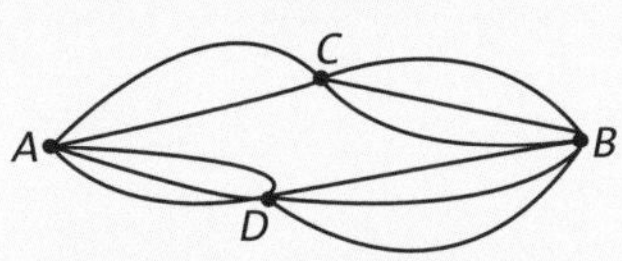

- *Op hoeveel verschillende manieren kun je van dorp A naar dorp B via dorp C of via dorp D?*
  Het aantal manieren is $2 \cdot 3 + 3 \cdot 3 = 6 + 9 = 15$.

faculteit

- *Op hoeveel manieren kun je verschillende rijtjes maken van de 15 letters A t/m O?*
  Het aantal verschillende mogelijkheden is 15!
  Berekenen met de GRM (de optie !)

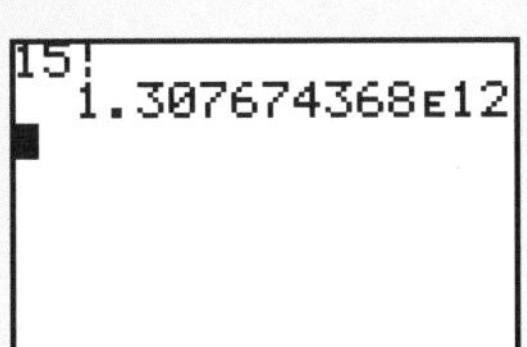

rangschikken of kiezen van *r* dingen uit *n*

- **rangschikken** op volgorde zetten van een aantal dingen
- **zonder terugleggen** wat getrokken is doet niet meer mee
  - **permutatie** volgorde is van belang; bijvoorbeeld *ABC* is verschillend van *BAC*
    - $\frac{n!}{(n-r)!} = n \cdot (n-1) \cdot (n-2) \cdot \ldots \cdot (n-r+1)$ aantal verschillende mogelijkheden
    - **berekenen met grafische rekenmachine** gebruik MATH PRB n nPr r
  - **combinatie** volgorde is niet van belang; bijvoorbeeld *ABC* is gelijk aan *BAC*
    - $\binom{n}{r} = \frac{n!}{r!(n-r)!}$ binomiaalcoëfficiënt *r* uit *n*; aantal verschillende mogelijkheden
    - **berekenen met grafische rekenmachine** gebruik MATH PRB n nCr r
- **met terugleggen** wat getrokken is, doet steeds weer mee
  - **machtsboom** volgorde is van belang; bijvoorbeeld *AAC* is verschillend van *ACA*
    - n^r aantal verschillende mogelijkheden voor *r* uit *n*

rangschikken of kiezen van *r* dingen uit *n*

permutatie

voorbeeld 1. Het aantal verschillende rangschikkingen van drie letters, volgorde van belang, te kiezen uit *A, B, C, D* of *E* is $5 \cdot 4 \cdot 3 = 60$; er is steeds één mogelijkheid minder om te kiezen.

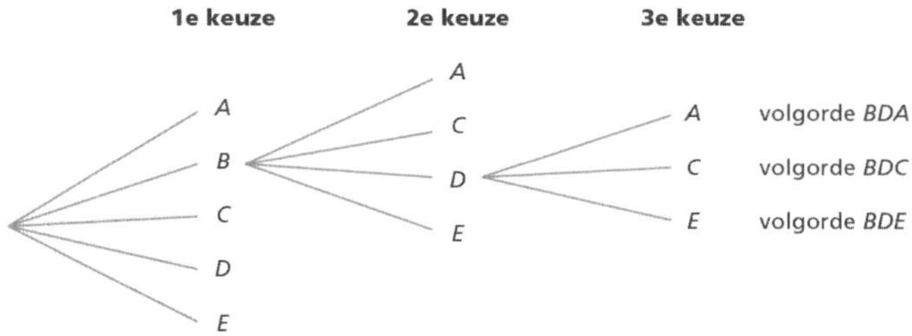

Dit aantal kan ook berekend worden met 5 nPr 3 of met de formule:

$$\frac{5!}{(5-3)!} = \frac{5 \cdot 4 \cdot 3 \cdot 2 \cdot 1}{2!} = \frac{120}{1 \cdot 2} = 60$$

voorbeeld 2. *Bereken het aantal verschillende mogelijkheden om uit het alfabet (van 26 letters) rijtjes te maken van 15 letters, waarbij de volgorde van de letters van belang is. In een rijtje mag een letter niet tweemaal gebruikt worden.*

Hier is sprake van een trekking van 15 letters uit 26 zonder terugleggen, volgorde van belang. Het gaat hier dus om een permutatie.

Het aantal verschillende mogelijkheden is dan $\frac{26!}{(26-15)!} = 26 \cdot 25 \cdot 24 \cdot 23 \cdot \ldots \cdot 12$.

Bereken dit met de GRM (de optie 26 nPr 15).

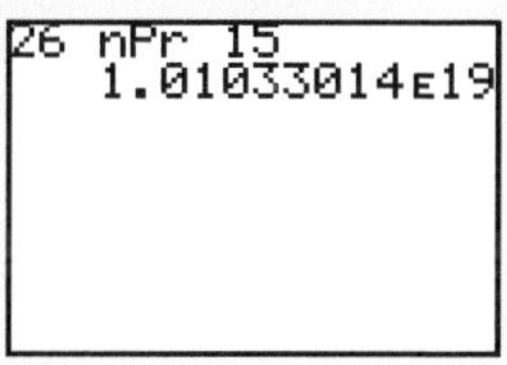

combinatie

voorbeeld 3. Het aantal verschillende rangschikkingen van drie letters zonder herhaling, volgorde niet van belang, te kiezen uit A, B, C, D of E kan berekend worden met 5 nCr 3 of met de formule

$$\binom{5}{3} = \frac{5!}{3!(5-3)!} = \frac{4 \cdot 5}{1 \cdot 2} = 10\,.$$

voorbeeld 4. *Bereken het aantal verschillende mogelijkheden om uit het alfabet (van 26 letters) rijtjes te maken van 15 letters, waarbij de volgorde van de letters onbelangrijk is. In een rijtje mag een letter niet tweemaal gebruikt worden.*

Hier is sprake van een trekking van 15 letters uit 26 zonder terugleggen, volgorde niet van belang. Het gaat hier dus om een combinatie.

Het aantal verschillende mogelijkheden is dan $\binom{26}{15} = \frac{26!}{15!11!}$.

Bereken dit met de GRM (de optie 26 nCr 15).

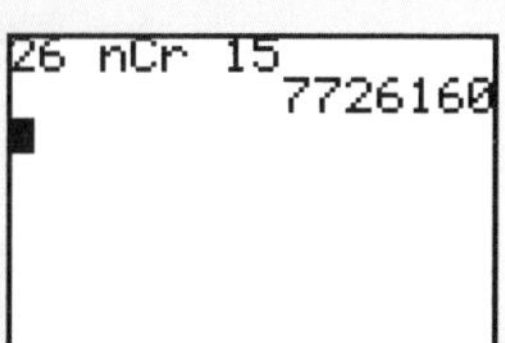

machtsboom

Het aantal verschillende rangschikkingen van drie letters met herhaling, volgorde van belang, te kiezen uit *A, B, C, D* of *E* is $5^3 = 125$; er zijn steeds opnieuw 5 mogelijkheden om uit te kiezen. Letters mogen vaker voorkomen, dus rijtjes als *AAA* en *ABA* komen voor.

rekenen in een rooster

samenhang aantal routes in een rooster en de driehoek van Pascal

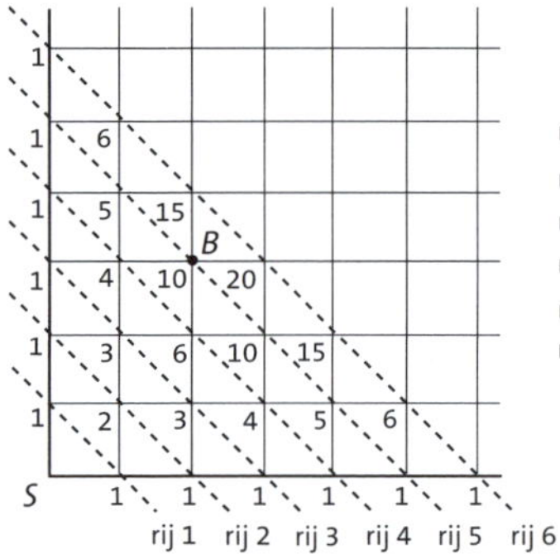

bij elk punt staat het aantal kortste routes vanuit S naar dat punt;
bijvoorbeeld: het aantal kortste routes (van 5 stappen) van S naar B is 10

driehoek van Pascal

S

rij 1: 1 1

rij 2: 1 2 1

rij 3: 1 3 3 1

rij 4: 1 4 6 4 1

rij 5: 1 5 10 10 5 1

rij 6: 1 6 15 20 15 6 1

elk getal in een volgende rij wordt gevonden door de twee erboven liggende getallen op te tellen;
vergelijk deze getallen met het aantal kortste routes in het rooster links

uitbreiding met binomiaalcoëfficiënten

S

1 1 rij 1

1 2 1 rij 2

1 3 3 1 rij 3

1 4 6 4 1 rij 4

S

$\binom{1}{0}\ \binom{1}{1}$

$\binom{2}{0}\ \binom{2}{1}\ \binom{2}{2}$

$\binom{3}{0}\ \binom{3}{1}\ \binom{3}{2}\ \binom{3}{3}$

$\binom{4}{0}\ \binom{4}{1}\ \binom{4}{2}\ \binom{4}{3}\ \binom{4}{4}$

interpretatie binomiaalcoëfficiënt $\binom{a}{b}$

- **aantal stappen is a, waarvan b naar rechts en dus $(a - b)$ keer omhoog**
- **aantal verschillende kortste routes in een rooster van (0,0) naar $(b, a - b)$**
- **aantal verschillende rijtjes van letters R en O met b keer R en $(a - b)$ keer O**

interpretatie binomiaalcoëfficiënt $\binom{a+b}{a}$

- **aantal stappen is $a + b$, waarvan a naar rechts en b omhoog**
- **het aantal verschillende kortste routes van (0,0) naar (a, b)**

- **somregel** gebruiken bij het berekenen van het aantal verschillende roosterwegen; meestal bij OF
- **vermenigvuldigingsregel** gebruiken bij het combineren van het aantal verschillende roosterwegen; meestal bij EN

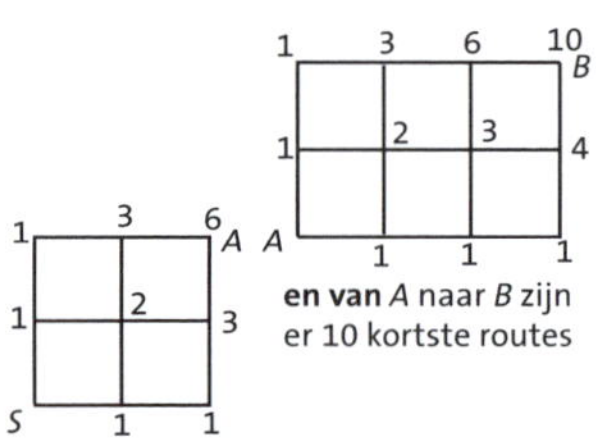

van *S* naar *A* zijn er 6 kortste routes

en van *A* naar *B* zijn er 10 kortste routes

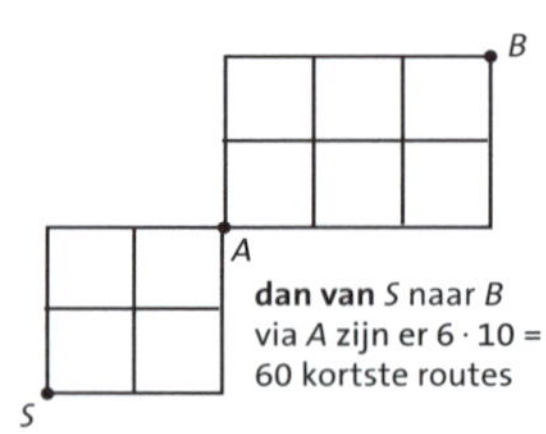

dan van *S* naar *B* via *A* zijn er 6 · 10 = 60 kortste routes

optelregel: alle verschillende kortste routes optellen (van S naar A en van A naar B)

vermenigvuldigregel: aantal verschillende kortste routes van S naar B de twee aantallen 6 en 10 vermenigvuldigen

rekenen in een rooster

driehoek van Pascal en binomiaalcoefficiënten

a Hoeveel verschillende kortste routes zijn er in een assenstelsel (rooster) mogelijk van A(1,2) naar B(4,7)?

b Hoeveel verschillende kortste routes zijn er in een assenstelsel (rooster) mogelijk van O(0,0) via B(3,6) naar C(5,8)?

c Wat is de betekenis van het 3^e^ getal uit rij 6 in de driehoek van Pascal?

a *1e manier (met driehoek van Pascal)*

Van $A(1,2)$ naar $B(1 + 3, 2 + 5)$ zijn 3 stappen naar rechts en 5 stappen naar boven.

Neem in de driehoek van Pascal het 4^e getal in rij 8. Dat is 56 en geeft dus 56 verschillende kortste routes.

2e manier (met binomiaalcoëfficiënt)

Een kortste route van $A(1,2)$ naar $B(1 + 3, 2 + 5)$ is 3 stappen naar rechts en 5 stappen naar boven. In totaal dus 8 stappen. Dat geeft $\binom{8}{3}$ = 56 verschillende kortste routes.

b *1e manier (met driehoek van Pascal)*

Eerst van $O(0,0)$ via $B(3,6)$. Het 4^e getal in rij 9 is 84.

Daarna van $B(3,6)$ naar $C(5,8)$. Het 3^e getal in rij 4 is 6.

In totaal zijn er dan $84 \cdot 6 = 504$ verschillende kortste routes (vermenigvuldigregel).

2e manier (met binomiaalcoëfficiënt)

Een kortste route eerst van $O(0,0)$ via $B(3,6)$ geeft $\binom{9}{3}$ = 84 verschillende kortste routes.

Daarna een kortste route van $B(3,6)$ naar $C(5,8)$ geeft $\binom{4}{2} = 6$ verschillende kortste routes.

In totaal zijn er dan $84 \cdot 6 = 504$ verschillende kortste routes (vermenigvuldigregel).

c Het 3^e getal uit rij 6 is 15. De volgende betekenissen zijn te bedenken:

- Het aantal verschillende kortste routes in een rooster van $A(a,b)$ naar $B(a + 3 + 1, b + 2)$, bijvoorbeeld van $A(0,0)$ naar $B(4,2)$; dit aantal is dus 15.
  Vanwege de symmetrie geldt bovenstaande ook voor de routes van $A(a,b)$ naar $B(a + 2, b + 4)$, dus van $A(0,0)$ naar $B(2,4)$.
- Het aantal verschillende manieren waarop een rij van $4 \times R$(rechts) en $2 \times O$(omhoog), bijvoorbeeld *RROROR*, kan worden opgeschreven. Er zijn dan 15 verschillende rijtjes mogelijk met 4 keer een *R* en 2 keer een *O*.

9 Onderzoeksopgaven

Elk examen wordt afgesloten met een onderzoeksopgave. Voor het beantwoorden zijn vaardigheden nodig zoals rekenregels beheersen, notaties kennen, formules begrijpen, informatie ordenen en antwoorden kunnen afronden. Al deze vaardigheden staan in de voorgaande hoofdstukken. Maar voor een onderzoeksopgave moet je ook een oplossingsstrategie kunnen kiezen, wiskundige redeneringen kunnen beoordelen en wiskundige redeneringen op een juiste manier onder woorden kunnen brengen. Daarbij helpt een lijst van aandachtspunten.

aandachtspunten

- lees de hele opgave door
- lees de vraag nauwkeurig en noteer eventueel overzichtelijk wat bekend is
- noteer wat er gevraagd wordt
- bepaal de aanpak
  - herken je over welk onderdeel van de stof het gaat (zoals bijvoorbeeld statistiek, lineair verband, exponentieel verband, ...)
  - moet de vraag in deelvragen worden opgedeeld, die je in een bepaalde volgorde moet beantwoorden
- bepaal de juiste variabelen
- welke parate kennis heb ik nodig (zoals bijvoorbeeld een formule)
- bepaal de juiste wiskundige aanpak
  - maak een vergelijking
  - maak een grafische voorstelling
  - combineer grafieken
- ga na welke informatie van belang is en negeer overbodige informatie
- voer de aanpak uit
  - maak de berekening
  - trek de conclusie
  - maak de gevraagde grafiek
- heb je antwoord gegeven op de vraag?
- heb je afgerond op de juiste nauwkeurigheid?

aandachtspunten

onderzoeksopgave

Een onderzoek in 2009 geeft aan dat ongeadresseerde reclamefolders behoorlijk effectief zijn. Volgens het onderzoek zorgen deze folders er voor dat 15% van de totale Nederlandse bevolking tot actie overgaat. Het onderzoek is gebaseerd op een aantal gegevens en aannames. Het CBS meldt voor 2009:

- Er zijn 7,313 miljoen huishouden, waarvan 2,618 miljoen eenpersoonshuishoudens;
  Een meerpersoonshuishouden telt gemiddeld 2,3 personen ouder dan 16 jaar;
  Nederland heeft 16,53 miljoen inwoners.

De volgende aannames zijn gedaan:

- $\frac{1}{6}$ deel van de huishoudens heeft een 'ja/nee-sticker' en ontvangt dus geen folders;
- In verhouding zijn er evenveel eenpersoons- als meerpersoonshuishoudens met een sticker;
- In huishoudens waar de folder ontvangen wordt, bekijkt driekwart van alle personen ouder dan 16 jaar deze folders;
- 27% van de personen die de folder bekijken, gaat tot actie over;
- Alle eenpersoonshuishoudens worden gevoerd door een persoon ouder dan 16 jaar.

- *Onderzoek of het percentage van 15 % juist is.*

uitwerking

- Harde gegevens zijn van het CBS. De aannames moet je ook als waar aanvaarden.
- Het percentage in de vraag slaat dus op de bevolking die tot actie overgaat na het lezen.
- Ga na hoeveel mensen tot actie overgaan en vergelijk dit met de totale bevolking.
- Het is rekenen. Er zijn deelvragen omdat er sprake is van verschillende soorten huishoudens.
- De variabele is dus iemand die tot actie overgaat.
- Nodig is de formule om het percentage als deel van het geheel uit te rekenen
- Gebruik de gegevens om eerst het aantal personen dat tot actie overgaat te berekenen. Er zijn eenpersoons- en meerpersoonshuishoudens. Bereken van elk eerst het aantal. Er zijn huishoudens met en zonder sticker. $\frac{1}{6}$ deel hiervan ontvangt geen folder, dus $\frac{5}{6}$ deel wel. Je hoeft hierbij geen onderscheid te maken tussen een- of meerpersoonshuishoudens. Daarna moet je het aantal personen bepalen dat de folder leest. Let op dat een meerpersoonshuishouden 2,3 personen bevat. Tenslotte gaat 27% tot actie over. Als laatste moet je dan dit aantal vergelijken met het totaal aantal inwoners.
- $\frac{5}{6} \cdot 2{,}618 = 2{,}18$ miljoen eenpersoonshuishoudens.
  $\frac{5}{6} \cdot (7{,}313 - 2{,}618) = 3{,}91$ miljoen meerpersoonshuishoudens.
  $\frac{3}{4} \cdot (2{,}18 + 3{,}91 \cdot 2{,}3) = 8{,}4$ miljoen personen bekijkt de folder.
  $0{,}27 \cdot 8{,}4 = 2{,}3$ miljoen personen gaat tot actie over.
  $\frac{2{,}3}{16{,}53} = 14\%$.
- Het antwoord: het percentage van 15% is dus (iets) te hoog.

10 Grafische rekenmachine Texas Instruments (TI-84 Plus)

In dit hoofdstuk wordt het gebruik van de grafische rekenmachines TI-84 Plus en de TI-84 Plus CE-T uitgewerkt voor de genoemde begrippen in de verschillende hoofdstukken. Waar er verschil is tussen beide rekenmachines wordt dit aangegeven.

schoonmaken scherm

- **CLEAR**

schoonmaken geheugen

- **MEM** (2nd) +
    - **5: Reset**
    - **ENTER**
    - **1: All Memory**
    - **ENTER**
    - **2: Reset**
    - **ENTER**

schermcontrast herstellen

- **TI-84 Plus**
    - **2nd** telkens één keer indrukken
        - ▲ donkerder
        - ▼ lichter
- **TI-84 Plus CE-T**
    - **2nd** telkens één keer indrukken
        - ▲ lichter
        - ▼ donkerder

schoonmaken scherm

schoonmaken geheugen TI-84 Plus

schoonmaken geheugen TI-84 Plus CE-T

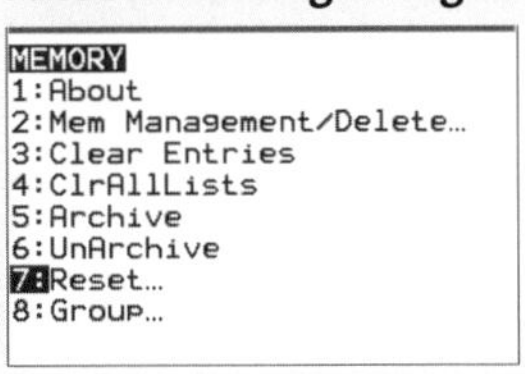

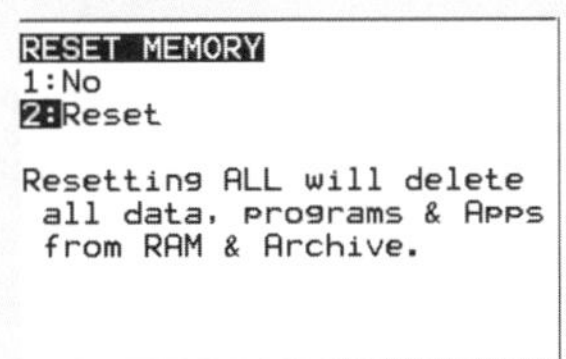

TABELLEN EN GRAFIEKEN (hoofdstuk 2)

tabel maken

- **Y=**
  - Y_1= voer formule in, gebruik X,T,Θ,*n* om variabele in te voeren
- **TBLSET** (2nd) WINDOW, tabelgegevens invoeren
- **TABLE** (2nd) GRAPH, tabel maken, gebruik ▲ ▼ om door tabel te lopen

grafiek plotten

- **Y=**
  - Y_1= voer formule in, gebruik X,T,Θ,*n* om variabele in te voeren
- **WINDOW** verdeling op assen aanpassen
- **GRAPH**

nulpunten en extremen bepalen

- **Y =**
  - Y_1= voer formule in, gebruik X,T,Θ,*n* om variabele in te voeren
- **WINDOW** verdeling op assen aanpassen
- **CALC** (2nd) TRACE
  - **2: zero, 3: minimum of 4: maximum** kies wat berekend moet worden
    - **Left Bound?** kies waarde voor variabele links van vermoedelijk nulpunt of extreem
    - **Right Bound?** kies waarde voor variabele rechts van vermoedelijk nulpunt of extreem
    - **ENTER**
    - **Guess?** kies een startwaarde tussen de left en right bound-grenzen
    - **ENTER**

tabellen en grafieken (hoofdstuk 2)

tabel maken

- *Maak een tabel voor $y = x^2 - 2x - 3$*

TI-84 Plus

TI-84 Plus CE-T

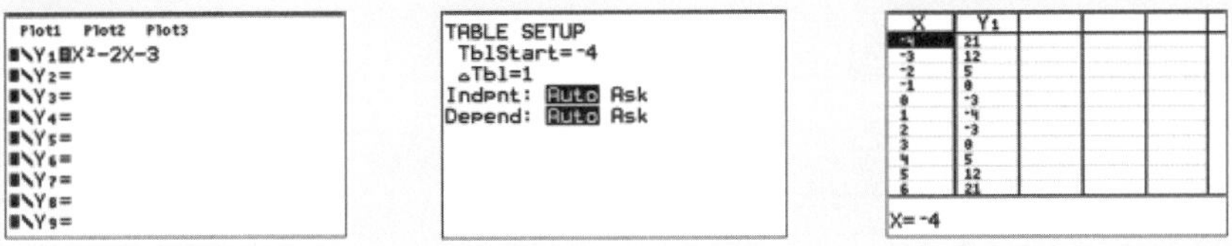

grafiek plotten

- *Plot de grafiek van $y = x^2 - 2x - 3$*

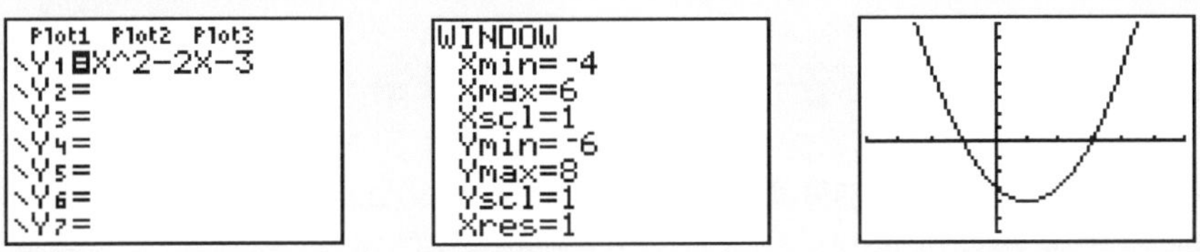

nulpunten en extremen bepalen

- *Bepaal de nulpunten en het minimum van $y = x^2 - 2x - 3$.*

  Plot eerst de grafiek (zie hierboven)

  Kies na CALC bij 2:zero voor Left Bound bijvoorbeeld –2, voor Right Bound bijvoorbeeld 0 en voor Guess bijvoorbeeld –1,2. Een nulpunt is $x = -1$.

  Het andere nulpunt wordt gevonden door de stappen te herhalen met andere waarden voor Left Bound, Right Bound en Guess: $x = 3$.

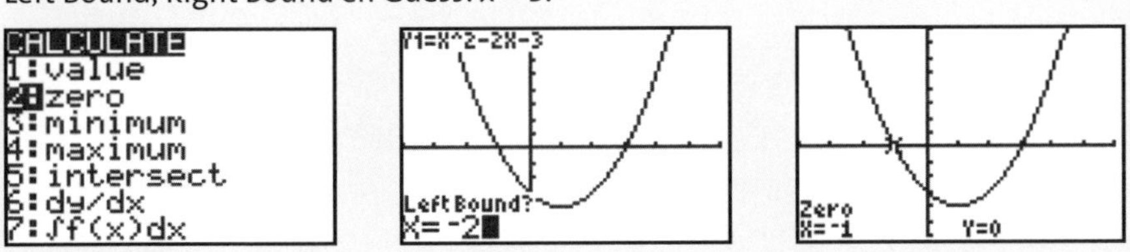

  Kies na CALC bij 3:minimum voor Left Bound bijvoorbeeld 0, voor Right Bound bijvoorbeeld 1,5 en voor Guess bijvoorbeeld 1,2. Het minimum is –4 voor $x = 1$.

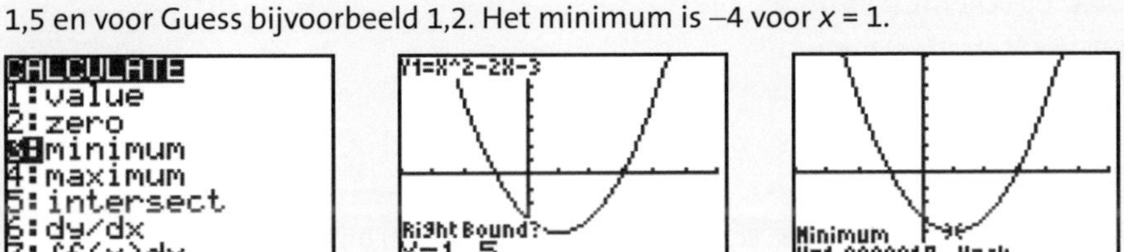

snijpunten bepalen hiermee los je ook grafisch vergelijkingen op

- **Y=**
  - **Y_1=** voer formule in, gebruik X,T,Θ,*n* om variabele in te voeren
  - **ENTER**
  - **Y_2=** voer formule in, gebruik X,T,Θ,*n* om variabele in te voeren
- **WINDOW** verdeling op assen aanpassen
- **GRAPH** snijpunt moet zichtbaar zijn op scherm
- **CALC** (2nd) TRACE
  - **5: intersect**
  - **First curve?**
  - **ENTER**
  - **Second curve?**
  - **ENTER**
  - **Guess?** kies waarde in de buurt van snijpunt
  - **ENTER**
  - **Intersection** geeft snijpunt, voor een ander snijpunt herhaal vanaf CALC

STATISTIEK (hoofdstuk 7)

toevalsgetallen aantal willekeurige, gehele getallen tussen gekozen onder -en bovengrens

- **MATH**
  - **PRB of PROB** via scherm, gebruik ▶
  - **5: randInt(** op scherm, 5
    - **TI 84 Plus**
      - **randInt(** voer getallen in in de volgorde *ondergrens, bovengrens, aantal,* denk aan de komma's en sluit af met een haakje)
      - **ENTER** geeft het gewenste aantal gehele randomgetallen
    - **TI 84 Plus CE-T**
      - **randInt** voer de getallen in voor *lower, upper* en de waarde voor *n*
      - **ENTER ENTER** 2 keer, geeft het gewenste aantal gehele randomgetallen

centrum- en spreidingsmaten

- **STAT**
  - **1: Edit** op scherm, 1
  - **L1** voer getallen in, na elk getal ENTER
  - **L2** voer frequenties in, na elk getal ENTER
- **STAT**
  - **CALC** op scherm, gebruik ▶
  - **1:1-Var Stats** op scherm, 1
    - **TI 84 Plus**
      - **1: 1-Var Stats** voer L1 (2nd 1) en L2 (2nd 2) in, denk aan de komma
    - **TI 84 Plus CE-T**
      - **1: 1-Var Stats** voer L1 (2nd 1) en L2 (2nd 2) bij FreqList in
      - **ENTER ENTER** 2 keer, geeft gemiddelde, standaardafwijking en gegevens voor een boxplot

snijpunten bepalen

- *Bepaal de snijpunten van $y_1 = 3x + 1$ en $y_2 = x^2 - 2x$*

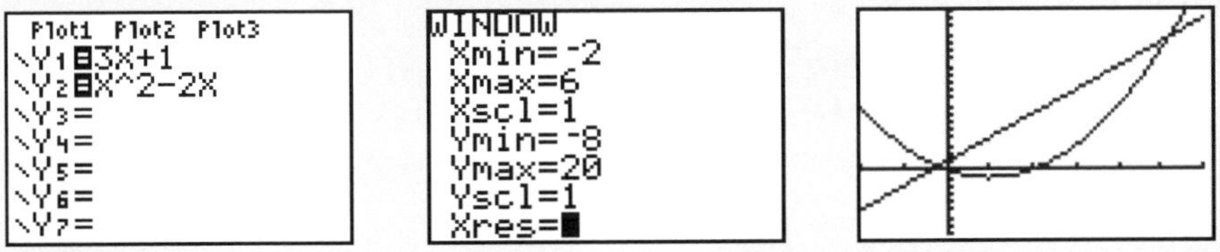

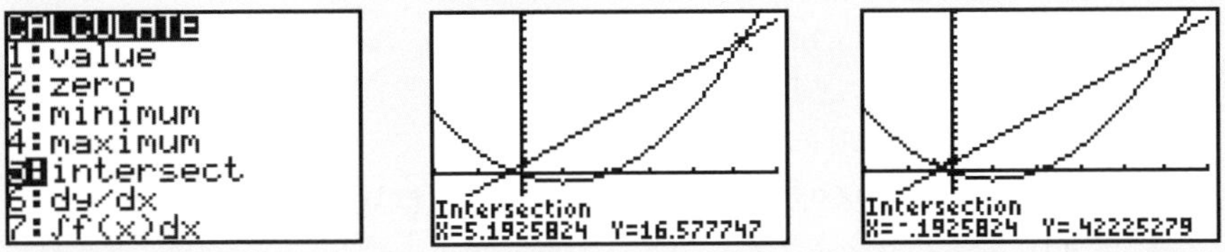

Het snijpunt in het eerste scherm is (5,19; 16,58). Het andere snijpunt is te vinden door de stappen te herhalen. Het tweede snijpunt is (–0,19; 0,42).

statistiek (hoofdstuk 7)

toevalsgetallen

- *Maak een rij van gehele toevalsgetallen tussen 0 en 120.*

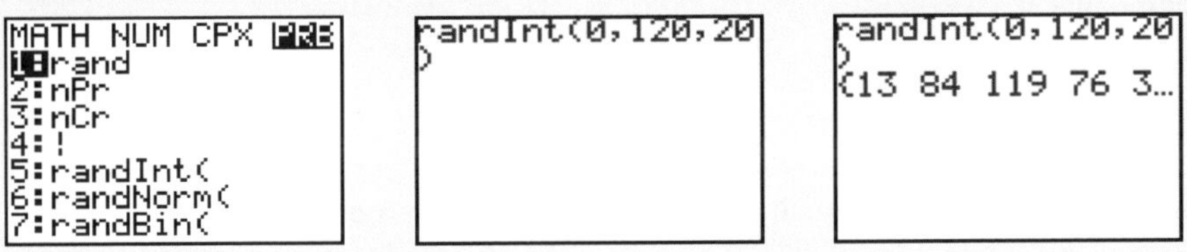

Deze rij toevalsgetallen begint dus met 13, 84, 119, 76, enz.

centrum- en spreidingsmaten

Het aantal uren zonneschijn per dag op Vlieland was gedurende de maand april:

4 2 8 6 3 10 8 10 8 7 3 10 12 7 9 7 5 9 11 4 12 9 4 8 6 5 12 8 5 9

- *Bereken de centrum- en spreidingsmaten voor deze data.*

  Maak eerst een frequentietabel.

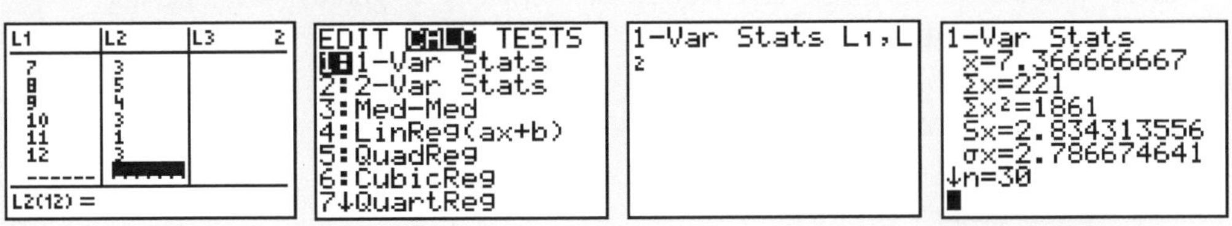

het gemiddelde is 7,4

de spreiding (σx) is 2,8

histogram of boxplot plotten

- **STAT**
  - **1: Edit** op scherm, 1
  - **L1** voer getallen in, na elk getal ENTER
  - **L2** voer frequenties in, na elk getal ENTER
- **STAT PLOT 2nd Y=**
  - **1: PLOT 1** op scherm, 1
  - **On** op scherm, gebruik ◀ en ENTER
    - **kies icoon histogram of icoon boxplot** gebruik ▲ ▼ ◀ ▶
    - **Xlist:** voer L1 (2nd 1) in
    - **Freq:** voer L2 (2nd 2) in
    - **WINDOW** verdeling op assen aanpassen, na elk getal ENTER
    - **GRAPH**

TELPROBLEMEN (bij hoofdstuk 8)

faculteit berekenen *n* voorwerpen op verschillende volgordes zetten

- **voer getal *n* in**
- **MATH**
  - **PRB of PROB** op scherm
  - **4: !** op scherm, 4
  - **ENTER**

permutatie berekenen greep van *a* uit *n* zonder herhaling, volgorde van belang

- **voer grootste getal *n* in**
- **MATH**
  - **PRB of PROB** op scherm, gebruik ▶
  - **2: nPr** op scherm, 2
  - **voer kleinste getal *a* in**
  - **ENTER**

combinatie berekenen greep van *b* uit *n* zonder herhaling, volgorde niet van belang

- **voer grootste getal *n* in**
- **MATH**
  - **PRB of PROB** op scherm, gebruik ▶
  - **3: nCr** op scherm, 3
  - **voer kleinste getal *b* in**
  - **ENTER**

histogram of boxplot plotten

Het aantal uren zonneschijn per dag op Vlieland was gedurende de maand april:

4 2 8 6 3 10 8 10 8 7 3 10 12 7 9 7 5 9 11 4 12 9 4 8 6 5 12 8 5 9

- *Plot een histogram en een boxplot voor deze data.*

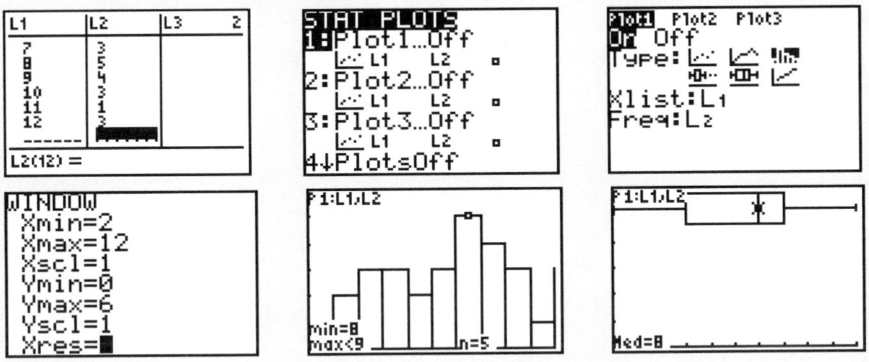

telproblemen (hoofdstuk 8)

faculteit berekenen

Bereken 23!

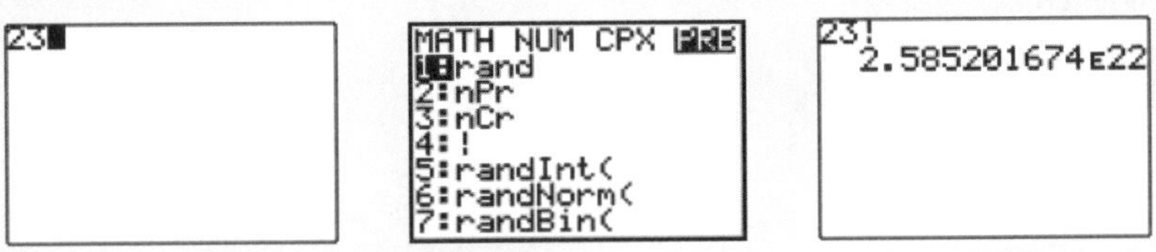

permutatie en combinatie berekenen

In een klas van 19 leerlingen worden 3 leerlingen gekozen om een klassenavond te organiseren.

a Als elk van deze drie leerlingen één speciale taak krijgt, op hoeveel manieren kunnen deze drie leerlingen gekozen worden?

b Als de drie leerlingen de organisatie gezamenlijk doen zonder speciale taak, op hoeveel manieren kunnen deze drie leerlingen gekozen worden?

a Het is een trekking zonder terugleggen en de volgorde van kiezen bepaalt de taak, dus een permutatie.

b Het is een trekking zonder terugleggen en de volgorde van kiezen is niet belangrijk, dus een combinatie.

TI-84 Plus

permutatie combinatie

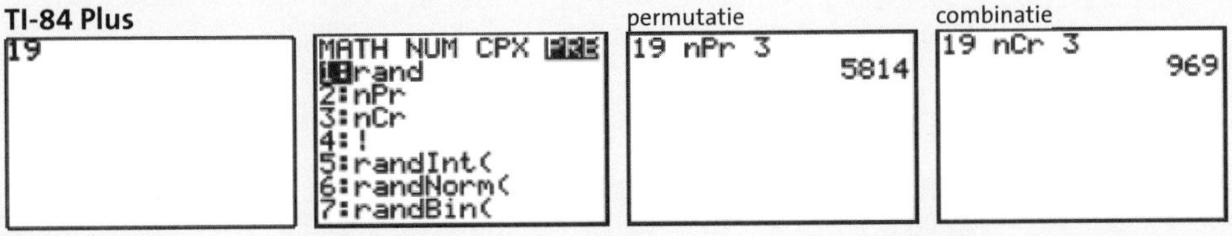

TI-84 Plus CE-T

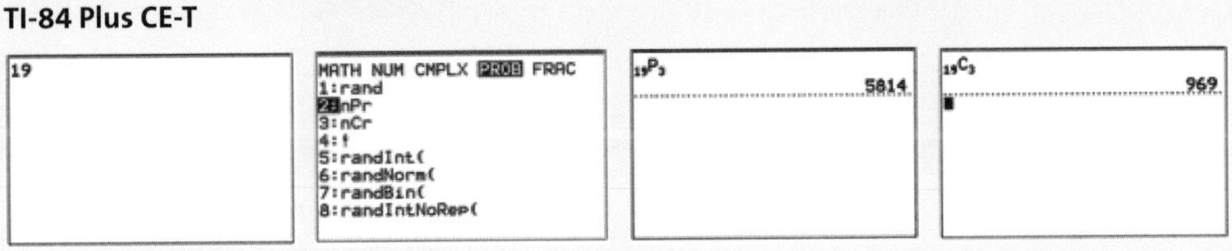

11 Grafische rekenmachine Casio (fx-9860G)

In dit hoofdstuk wordt het gebruik van de grafische rekenmachine fx-9860G verder uitgewerkt.

schoonmaken scherm

- **MENU** opnieuw starten
- **EXIT** terug naar vorig niveau
- **AC/ON** schoonmaken of terug

schoonmaken geheugen

- **MENU** opnieuw starten
- **SYSTEM** in MAIN MENU gebruik ▼ ▶
- **EXE**
    - **F5** Reset
    - **F2** Main Memories
    - **F1** YES op scherm

schermcontrast instellen

- **MENU** opnieuw starten
- **SYSTEM** in MAIN MENU, gebruik ▼ ▶
- **EXE**
    - **F1** Contrast,
        - ▶ donkerder
        - ◀ lichter

openingsscherm

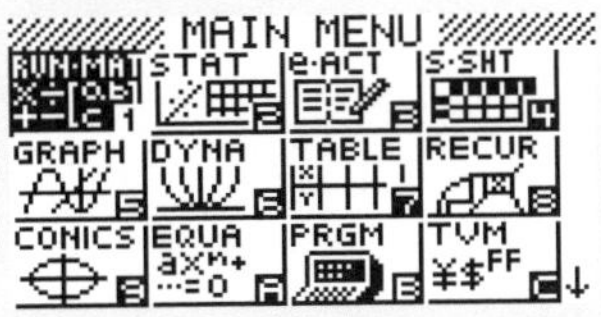

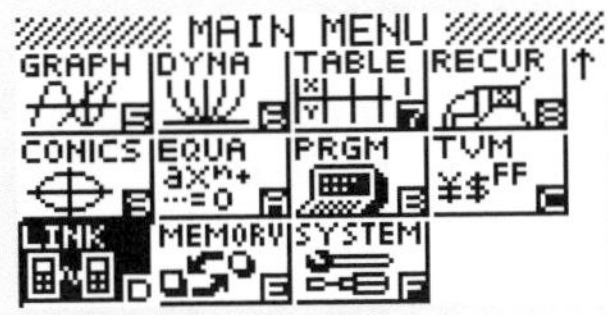

schoonmaken geheugen

schermcontrast instellen

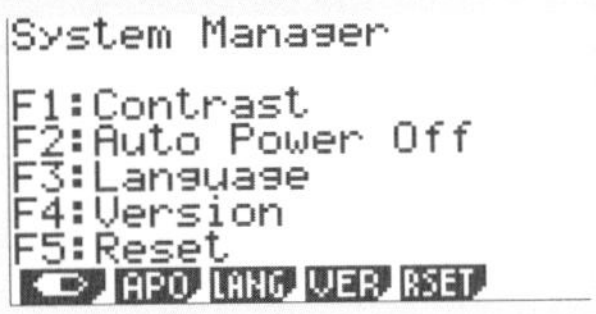

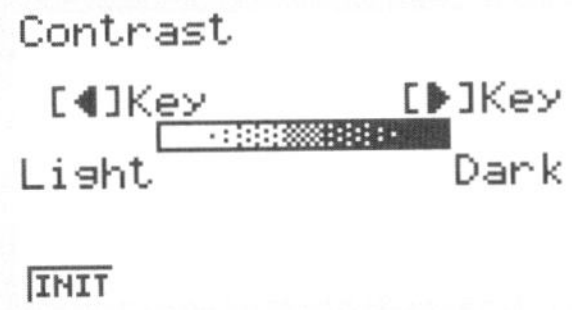

tabellen en grafieken (hoofdstuk 2)

tabel maken

- **MENU**
  - **TABLE** in main menu, gebruik ▲ ▼ ◀ ▶
  - **EXE**
  - **Y1:** voer formule in, gebruik *X,Θ,T* om variabele in te voeren
  - **EXE**
  - **SET** via scherm, F5, om tabelgegevens in te voeren
  - **EXE**
  - **TABL** via scherm, F6, om tabel te maken, gebruik ▲ ▼ om door tabel te lopen

grafiek plotten

- **MENU**
  - **GRAPH** in main menu, gebruik ▲ ▼ ◀ ▶
  - **EXE**
  - **Y1:** voer formule in, gebruik *X,Θ,T* om variabele in te voeren
  - **EXE**
  - **V-Windows** (SHIFT) F3, om verdeling op assen aan te passen
  - **EXE**
  - **DRAW** via scherm, F6

nulpunten en extremen bepalen

- **MENU**
  - **GRAPH** in main menu, gebruik ▲ ▼ ◀ ▶
  - **EXE**
  - **Y1:** voer formule in, gebruik *X,Θ,T* om variabele in te voeren
  - **EXE**
  - **V-Windows** (SHIFT) F3, om verdeling op assen aan te passen
  - **EXE**
  - **DRAW** via scherm, F6
  - **G-Solv** (SHIFT) F5
  - **ROOT, MAX** of **MIN** via scherm, F1, F2 of F3, kies wat berekend moet worden
  - **EXE**
  - **◀ of ▶ en EXE** hiermee vind je andere snijpunten of extremen

tabellen en grafieken (hoofdstuk 2)

tabel maken

- *Maak een tabel voor y = 3x + 1.*

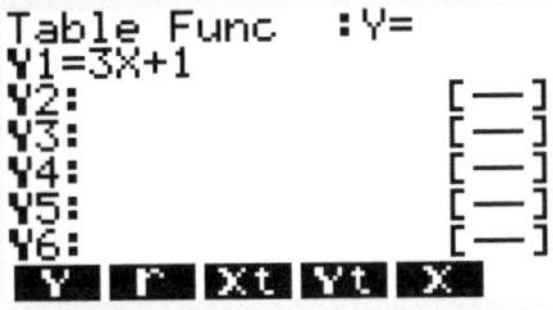

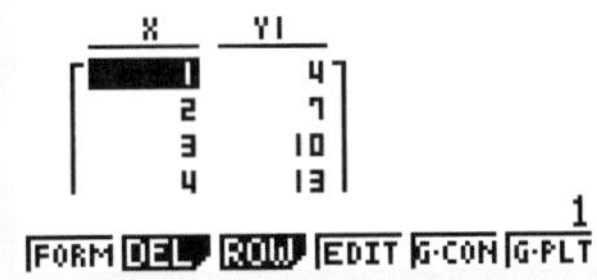

grafiek plotten

- *Plot de grafiek van* $y = x^2 - 2x - 3$.

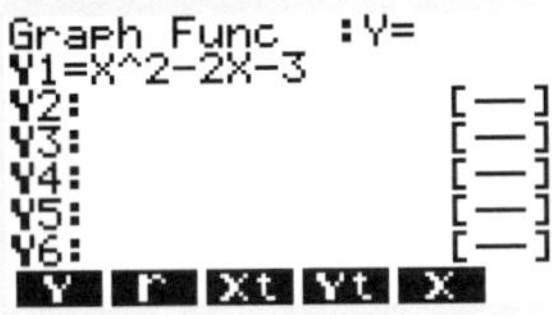

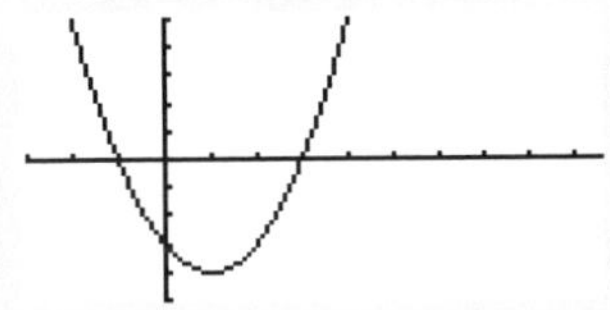

nulpunten en extremen bepalen

- *Bepaal de nulpunten en het minimum van* $y = x^2 - 2x - 3$.

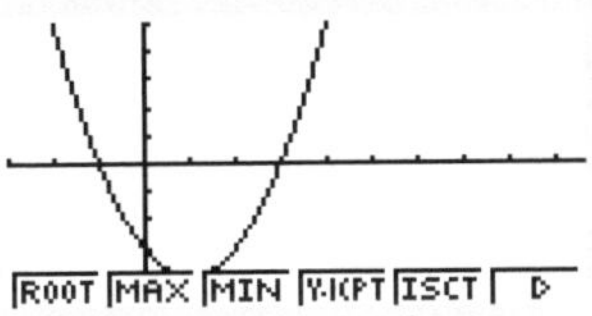

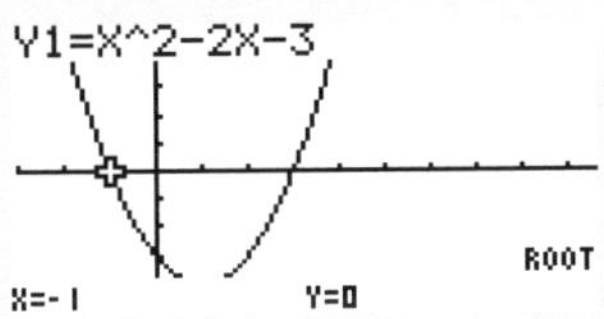

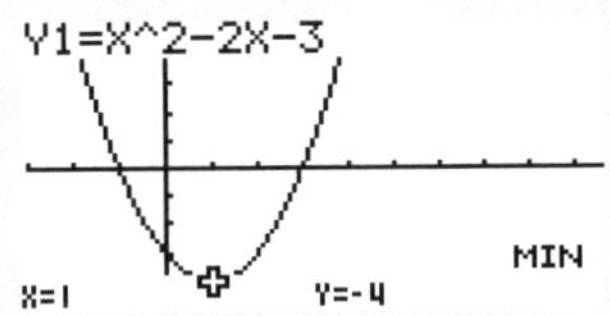

snijpunten bepalen hiermee los je ook grafisch vergelijkingen op

- **MENU**
    - **GRAPH** in main menu, gebruik ▲ ▼ ◀ ▶
    - **EXE**
    - **Y1:** voer formule in, gebruik *X,Θ,T* om variabele in te voeren
    - **EXE**
    - **Y2:** voer formule in, gebruik *X,Θ,T* om variabele in te voeren
    - **EXE**
    - **V-Windows** (SHIFT) F3, om verdeling op assen aan te passen
    - **EXE**
    - **DRAW** via scherm, F6
    - **G-Solve** (SHIFT) F5
    - **ISCT** via scherm, F5
    - **◀ of ▶ en EXE** hiermee vind je andere snijpunten of extremen

STATISTIEK (hoofdstuk 7)

toevalsgetallen aantal willekeurige getallen tussen 0 en een gekozen bovengrens

- **MENU**
    - **RUN MAT** in main menu, gebruik ▲ ▼ ◀ ▶
    - **EXE**
    - **OPTN**
    - **PROB** via scherm, F3; gebruik eventueel eerst ▷ met F6
    - **Ran#** via scherm, F4
        - **Ran#** (*getal*), voer een bovengrens in
        - **EXE** geeft steeds een volgend random getal tussen 0 en de bovengrens

centrum- en spreidingsmaten

- **MENU**
    - **STAT** in main menu, gebruik ▲ ▼ ◀ ▶
    - **EXE**
    - **List 1** voer getallen in
    - **EXE** na elk getal
    - **List 2** gebruik ▶, voer frequenties in
    - **EXE** na elk getal
    - **Calc** via scherm, F2
    - **SET** via scherm, F6
        - **1VAR Xlist:** gebruik ▲ ▼, invoeren List 1 via scherm, F1
        - **1VAR Freq:** gebruik ▲ ▼, invoeren List 2 via scherm, F3
    - **EXIT**
    - **1VAR** via scherm, F1

snijpunten bepalen

- *Bepaal de snijpunten van $y_1 = 3x + 1$ en $y_2 = x^2 - 2x$.*

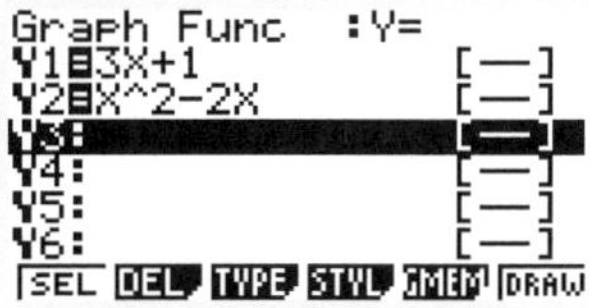

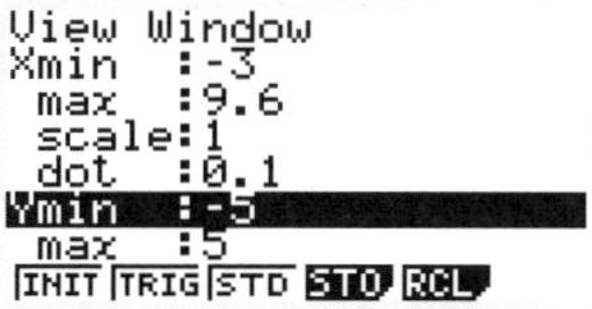

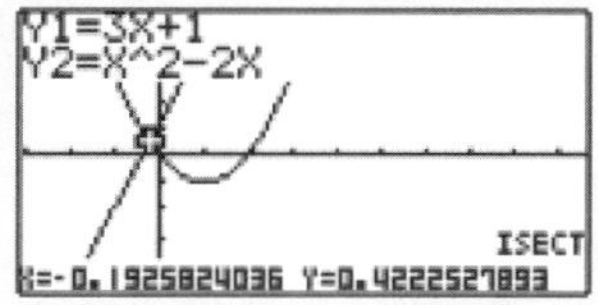

statistiek (hoofdstuk 7)

toevalsgetallen

- *Maak een rij van gehele toevalsgetallen tussen 0 en 120.*

Deze rij van toevalsgetallen begint met 101, 115, 83, 22, 80 (decimalen weghalen).

centrum- en spreidingsmaten

Het aantal uren zonneschijn per dag op Vlieland was gedurende de maand april:

4 2 8 6 3 10 8 10 8 7 3 10 12 7 9 7 5 9 11 4 12 9 4 8 6 5 12 8 5 9

- *Bereken de centrum- en spreidingsmaten van deze data.*

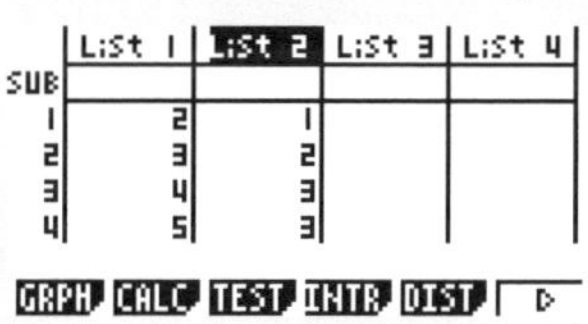

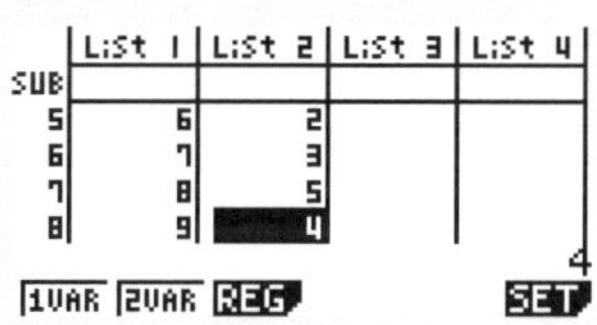

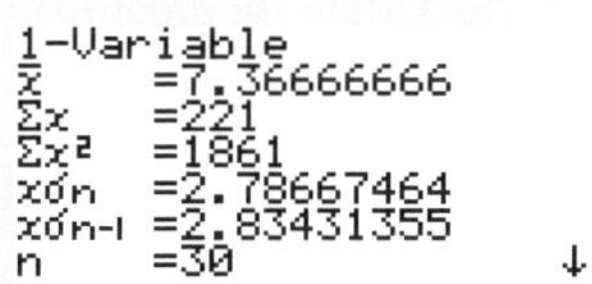

het gemiddelde is 7,4

de spreiding (xσn) is 2,8

histogram of boxplot plotten

- **MENU**
  - **STAT** in main menu, gebruik ▲ ▼ ◀ ▶
  - **EXE**
  - **List 1** voer getallen in
  - **EXE** na elk getal
  - **List 2** gebruik ▶, voer frequenties in
  - **EXE** na elk getal
  - **GRPH** via scherm, F1
  - **SET** via scherm, F6
    - **Graph Type:** gebruik ▲ ▼
    - **Hist of Box** via scherm, F1 of F2, gebruik eventueel eerst ▷ met F6
      - **XList:** gebruik ▲ ▼, invoeren List 1 via scherm, F1
      - **Frequency:** gebruik ▲ ▼, invoeren List 2 via scherm, F2
      - **EXE**
      - **GPH1** op scherm, F1
      - **Start:** pas gegevens aan
      - **EXE**
      - **Width:** pas gegevens aan
      - **EXE**

TELPROBLEMEN (hoofdstuk 8)

faculteit berekenen *n* voorwerpen op verschillende volgordes zetten

- **MENU**
  - **RUN MAT** in main menu, gebruik ▲ ▼ ◀ ▶
  - **EXE**
  - **OPTN**
  - **PROB** op scherm, F3, gebruik eventueel eerst ▷ met F6
    - **voer getal in**
    - **x!** op scherm, F1
    - **EXE**

permutatie en combinatie berekenen greep van *a* uit *n*

- **MENU**
  - **RUN MAT** in main menu, gebruik ▲ ▼ ◀ ▶
  - **EXE**
  - **OPTN**
  - **PROB** via scherm, F3, gebruik eventueel eerst ▷ met F6
    - **voer grootste getal *n* in**
    - **nPr** permutatie, via scherm, F2

      of
    - **nCr** combinatie, via scherm, F3
    - **voer kleinste getal *a* in**
    - **EXE**

histogram of boxplot plotten

Het aantal uren zonneschijn per dag op Vlieland was gedurende de maand april:

4 2 8 6 3 10 8 10 8 7 3 10 12 7 9 7 5 9 11 4 12 9 4 8 6 5 12 8 5 9

- *Plot een histogram en een boxplot voor deze data*

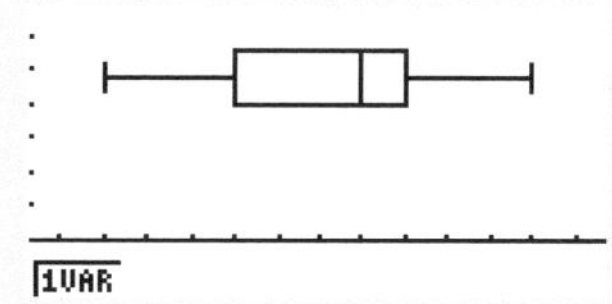

telproblemen (hoofdstuk 8)

faculteit berekenen

Bereken 23!

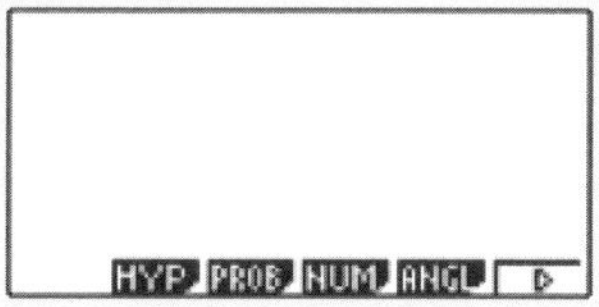

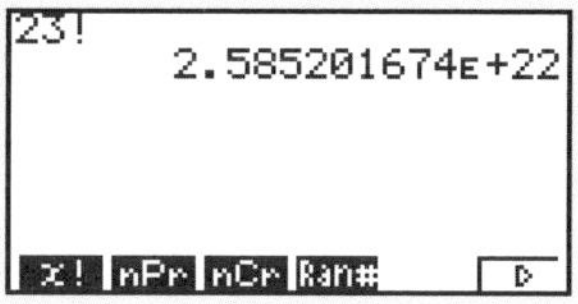

permutatie en combinatie berekenen

In een klas van 19 leerlingen worden 3 leerlingen gekozen om een klassenavond te organiseren.

a *Als elk van deze drie leerlingen één speciale taak krijgt, op hoeveel verschillende manieren kunnen deze drie leerlingen dan gekozen worden?*

b *Als de drie leerlingen de organisatie gezamenlijk doen zonder speciale taak, op hoeveel verschillende manieren kunnen deze drie leerlingen gekozen worden?*

a Het is een trekking zonder terugleggen en de volgorde van kiezen bepaalt de taak, dus een permutatie

a Het is een trekking zonder terugleggen en de volgorde van kiezen is niet belangrijk, dus een combinatie

permutatie

combinatie

Bijlage 1

Formuleblad

Dit formuleblad is bij het centraal examen beschikbaar en kan worden gebruikt.

Vuistregels voor de grootte van het verschil van twee groepen

2×2 kruistabel $\begin{pmatrix} a & b \\ c & d \end{pmatrix}$, met $phi = \dfrac{ad - bc}{\sqrt{(a+b)(a+c)(b+d)(c+d)}}$

- als $phi < -0,4$ of $phi > 0,4$, dan zeggen we "het verschil is groot",
- als $-0,4 \leq phi < -0,2$ of $0,2 < phi \leq 0,4$, dan zeggen we "het verschil is middelmatig",
- als $-0,2 \leq phi \leq 0,2$, dan zeggen we "het verschil is gering".

Maximaal verschil in cumulatief percentage ($\max V_{cp}$) (met steekproefomvang $n > 100$)

- als $\max V_{cp} > 40$, dan zeggen we "het verschil is groot",
- als $20 < \max V_{cp} \leq 40$, dan zeggen we "het verschil is middelmatig",
- als $\max V_{cp} \leq 20$, dan zeggen we "het verschil is gering".

Effectgrootte $E = \dfrac{\overline{X}_1 - \overline{X}_2}{\frac{1}{2}(S_1 + S_2)}$, met $\overline{X}_1$ en $\overline{X}_2$ de steekproefgemiddelden ($\overline{X}_1 \geq \overline{X}_2$), S_1 en S_2 de steekproefstandaardafwijkingen

- als $E > 0,8$, dan zeggen we "het verschil is groot",
- als $0,4 < E \leq 0,8$, dan zeggen we "het verschil is middelmatig",
- als $E \leq 0,4$, dan zeggen we "het verschil is gering".

Twee boxplots vergelijken

- als de boxen[1)] elkaar niet overlappen, dan zeggen we "het verschil is groot",
- als de boxen elkaar wel overlappen en een mediaan van een boxplot buiten de box van de andere boxplot ligt, dan zeggen we "het verschil is middelmatig",
- in alle andere gevallen zeggen we "het verschil is gering".

noot 1 De 'box' is het interval vanaf het eerste kwartiel tot en met het derde kwartiel.

Betrouwbaarheidsintervallen

Het 95%-betrouwbaarheidsinterval voor de populatieproportie is
$p \pm 2 \cdot \sqrt{\dfrac{p(1-p)}{n}}$, met p de steekproefproportie en n de steekproefomvang.

Het 95%-betrouwbaarheidsinterval voor het populatiegemiddelde is
$\overline{X} \pm 2 \cdot \dfrac{S}{\sqrt{n}}$, met $\overline{X}$ het steekproefgemiddelde, n de steekproefomvang en
S de steekproefstandaardafwijking.

Bijlage 2

Berekening van de standaardafwijking σ

stappen

- **1. bereken het gemiddelde van de waarnemingsgetallen**
- **2. bereken het verschil van elk getal met gemiddelde**
- **3. bereken het kwadraat van elk verschil**
- **4. tel alle kwadraten op**
- **5. deel de som van kwadraten door aantal getallen**
- **6. neem de wortel uit het quotiënt**
- **7. het antwoord is de standaardafwijking**

voorbeeld voor de getallen 2, 3, 5, 6 , 9, 11

1. 6

2. 6–2, 6–3, 6–5, enz.

3. $(6-2)^2$, $(6-3)^2$, $(6-5)^2$, enz.

4. 16 + 9 + 1 + 0 + 9 + 25 = 60

5. 60 : 6 = 10

6. $\sqrt{10}$ = 3,16

7. σ = 3,16

Bijlage 3

Examenwerkwoorden

Als in een examen één van de woorden uit onderstaande lijst wordt gebruikt, geldt de betekenis die hieraan in deze lijst is gegeven.

woord	toelichting
aantonen	Een redenering en/of berekening waaruit de juistheid van het gestelde blijkt. In het algemeen geldt dat het gestelde controleren door middel van een of meer voorbeelden niet voldoet.
afleiden	Een redenering en/of berekening waaruit de juistheid van een formule blijkt. In het algemeen geldt dat de formule controleren door middel van een of meer voorbeelden niet voldoet.
aflezen	Het antwoord is voldoende.
bepalen	De wijze waarop het antwoord gevonden wordt is vrij; een toelichting is vereist.
berekenen	De wijze van berekenen is vrij; een toelichting is vereist.
beredeneren	Een redenering waaruit de juistheid van het gestelde blijkt.
herleiden	Een formule stap voor stap herschrijven in een gelijkwaardige vorm.
onderzoeken	De aanpak is vrij, een toelichting is vereist.
oplossen	De wijze van oplossen is vrij; een toelichting is vereist.
schatten	De wijze van schatten is vrij; een toelichting is vereist.
schetsen van een grafiek	Een schets van een grafiek moet voor de probleemsituatie relevante karakteristieke eigenschappen van de grafiek bevatten.
tekenen van een grafiek	Een tekening van een grafiek moet, naast een assenstelsel met een schaalverdeling, de voor de probleemsituatie relevante karakteristieke eigenschappen van de grafiek bevatten. De tekening van de grafiek moet nauwkeurig zijn.

trefwoordenregister

Aantekeningen

Aantekeningen

Aantekeningen

Aantekeningen

Aantekeningen